Informations légales

© 2023
Auteur et éditeur : M.Eng. Johannes Wild
A94689H39927F
E-mail : 3dtech@gmx.de

Les mentions légales complètes du livre se trouvent dans les dernières pages !

Cette œuvre est protégée par le droit d'auteur

L'œuvre, y compris ses parties, est protégée par le droit d'auteur. Toute utilisation en dehors des limites strictes de la loi sur les droits d'auteur est interdite sans l'accord de l'auteur. Ceci s'applique en particulier à la reproduction électronique ou autre, à la traduction, à la diffusion et à la mise à disposition du public. Aucune partie de l'œuvre ne peut être reproduite, traitée ou diffusée sans l'autorisation écrite de l'auteur !

Toutes les informations contenues dans ce livre ont été rassemblées en toute bonne foi et soigneusement vérifiées. La maison d'édition et l'auteur ne garantissent toutefois pas l'actualité, l'exactitude, l'exhaustivité et la qualité des informations fournies. Ce livre est uniquement destiné à des fins éducatives et ne constitue pas une recommandation d'action. L'utilisation de ce livre et la mise en œuvre des informations qu'il contient se font expressément aux risques et périls de l'utilisateur. En particulier, aucune garantie ou responsabilité n'est donnée par l'auteur et l'éditeur pour les dommages matériels ou immatériels résultant de l'utilisation ou de la non-utilisation des informations contenues dans ce livre. Ce livre ne prétend pas être complet ni exempt d'erreurs. Toute revendication juridique ou de dommages et intérêts est exclue. Les contenus des pages Internet reproduites dans ce livre relèvent exclusivement de la responsabilité des exploitants des sites en question. La maison d'édition et l'auteur n'ont aucune influence sur la conception et le contenu des sites Internet tiers. La maison d'édition et l'auteur se distancient donc de tous les contenus étrangers. Au moment de l'utilisation, aucun contenu illégal n'était présent sur les sites Internet. Les marques et noms d'usage cités dans ce livre restent la propriété exclusive de leurs auteurs ou détenteurs respectifs.

Attention : le courant, en particulier le courant alternatif et les intensités élevées, est dangereux pour la vie. Ne confiez les travaux pratiques qu'à des personnes formées à cet effet. Nous déclinons toute responsabilité en cas d'imitation du contenu de ce livre.

Table des matières

1 Introduction

Le photovoltaïque peut être considéré comme le processus de conversion de la lumière du soleil en électricité utilisable. Ce type de production d'électricité, ainsi que d'autres énergies renouvelables telles que l'énergie éolienne et l'énergie hydraulique, a connu une forte croissance au cours des dernières années en raison de sa technologie respectueuse de l'environnement. La production d'électricité à partir de la lumière du soleil à l'aide de cellules photovoltaïques peut être indépendante du réseau ou liée au réseau. Nous verrons plus loin ce que signifient ces deux termes. Dans le langage courant, les cellules photovoltaïques sont souvent appelées cellules solaires et un système photovoltaïque est souvent appelé système solaire. Mais ce terme générique est également utilisé pour désigner les cellules solaires qui servent à produire de l'eau chaude (solaire thermique). Il existe cependant une différence claire et significative entre ces deux systèmes (photovoltaïque et solaire thermique), tant au niveau de la construction que du fonctionnement. Il s'agit plutôt de systèmes complètement différents (à moins que vous n'utilisiez un système photovoltaïque en combinaison avec un thermoplongeur pour chauffer de l'eau). Le seul point commun est que les deux systèmes utilisent l'énergie de rayonnement du soleil. Le photovoltaïque utilise cette énergie pour produire de l'électricité et le solaire thermique pour chauffer l'eau. Les systèmes photovoltaïques (PV) sont très répandus dans le monde, que ce soit à très petite échelle, par exemple sous la forme d'une centrale électrique sur un balcon avec un seul module PV à brancher sur la prise électrique de la maison, ou à l'échelle commerciale, par exemple sous la forme d'une ferme solaire de plusieurs hectares. Dans le cas des systèmes photovoltaïques, l'efficacité de la production d'électricité dépend d'une part des conditions météorologiques (ensoleillement) et d'autre part de la conception du système. Pour obtenir un rendement énergétique maximal, il convient de toujours procéder à une analyse des performances.

Le ratio de performance est ici l'un des facteurs de qualité les plus importants pour évaluer la performance d'une installation photovoltaïque. Ce rapport de performance (" Performance Ratio ") est en fait le rapport entre le rendement potentiel (théorique) de la puissance installée d'un système photovoltaïque et le rendement réel (effectif). Nous y reviendrons plus tard.

Les modules d'une installation photovoltaïque sont généralement fixes (à un angle donné). Cependant, il existe aujourd'hui de nouvelles technologies qui permettent de suivre la course du soleil afin que l'installation photovoltaïque soit toujours orientée de manière efficace. Les systèmes fixes sont généralement installés à un angle qui permet de produire un maximum d'électricité. L'angle d'inclinaison des modules solaires dépend de l'emplacement de l'installation photovoltaïque. Par exemple, si l'installation photovoltaïque se trouve dans l'hémisphère sud (donc au sud de l'équateur : par exemple en Afrique du Sud, en Australie, en Argentine), une orientation vers le nord peut convenir. En effet, dans l'hémisphère sud - au sud du tropique du Capricorne - le soleil est au nord pendant la journée (à midi) au lieu d'être au sud comme en Europe ou aux États-Unis. L'Europe, le Canada, les États-Unis et le Mexique se trouvent dans l'hémisphère nord, où une installation photovoltaïque orientée vers le sud est (normalement) appropriée.

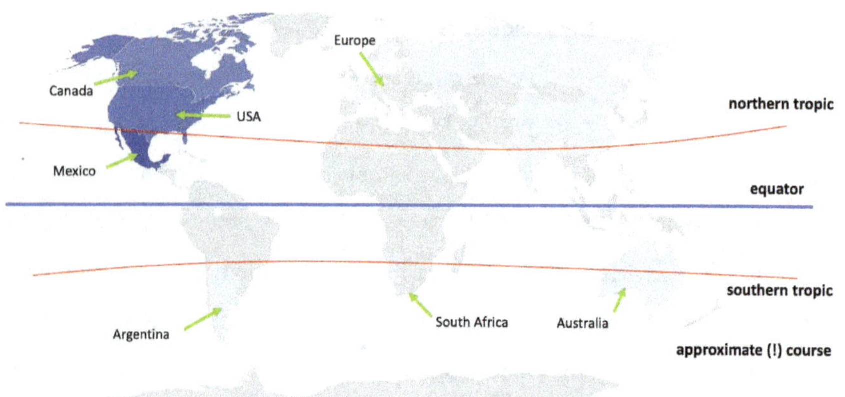

Pour les systèmes PV à orientation flexible, un algorithme spécial est utilisé pour déplacer les modules PV le long de la course du soleil. Dans ce cas, les modules PV sont généralement orientés vers l'est le matin (lever du soleil) et se déplacent d'est en ouest (course du soleil). De cette manière, les modules PV sont orientés de manière optimale vers le soleil tout au long de la journée. Cela contribue à une production d'électricité plus importante. En outre, de nouvelles technologies sont également utilisées au niveau des modules eux-mêmes afin d'améliorer le rendement d'une installation et d'augmenter ainsi la production d'électricité. On peut par exemple mentionner les modules solaires bifaciaux. La particularité de ces modules réside dans le fait que, pour produire de l'électricité, ils ne peuvent pas être exposés à la lumière du soleil sur un seul côté, mais peuvent produire de l'électricité sur les deux côtés du module. Dans une certaine configuration, par exemple, les rayons du soleil qui passent devant la cellule pour atteindre le sol peuvent être renvoyés vers l'arrière des panneaux photovoltaïques et être ainsi également utilisés pour produire de l'électricité.

Depuis le début du 19e siècle, la majeure partie de l'énergie mondiale est produite à l'aide de combustibles fossiles et d'énergie nucléaire. En raison de l'épuisement des ressources en combustibles fossiles et de leur impact sur l'environnement, il est essentiel d'opérer une transition énergétique en utilisant des sources alternatives de production d'énergie. Alors que la demande en énergie continue d'augmenter et que le marché de l'énergie est tendu, l'énergie solaire est considérée comme l'un des principaux moyens de produire de l'électricité de manière durable. Pour chaque nation et même pour chaque foyer, une source d'énergie propre et bon marché est indispensable pour la production (biens de consommation) et l'approvisionnement (four électrique, réfrigérateur, ...). L'objectif de ce livre est de faire en sorte que nous, en tant qu'individus, ne soyons pas obligés d'attendre la transition énergétique politique, mais que nous puissions y contribuer activement en couvrant nos propres besoins énergétiques grâce au soleil. Pour ce faire, nous commençons par les bases électrotechniques les plus importantes en matière de photovoltaïque. Par la suite, nous nous pencherons sur les différents types de modules photovoltaïques, le montage des modules photovoltaïques, la construction d'une installation photovoltaïque on-grid ou off-grid, avec ou sans stockage de la batterie, tous les composants nécessaires, ainsi que sur la composition concrète des éléments pour la planification d'une installation solaire personnelle. Deux exemples pratiques complètent le contenu du livre dans les derniers chapitres.

2 Bases de l'électrotechnique et du photovoltaïque

2.1 Concepts de base de l'électrotechnique

Dans ce chapitre, nous allons aborder quelques notions d'électrotechnique de base qui sont importantes pour comprendre le fonctionnement des systèmes photovoltaïques et leur calcul. Veuillez noter qu'il ne s'agit que d'une brève introduction à l'électrotechnique. Si vous n'avez pas encore de connaissances dans ce domaine, nous vous conseillons de consulter au préalable un ouvrage spécialisé en électrotechnique.

L'électrotechnique repose en grande partie sur deux grandeurs physiques fondamentales que l'on étudie déjà à l'école - à savoir la charge et l'énergie (travail). André Ampère a été le premier à découvrir ces propriétés de l'électricité, qui sont utilisées sous forme de courant et de tension pour l'analyse des circuits électriques et électroniques.

2.1.1 La charge électrique

La **charge** électrique, mesurée en coulombs (C) et décrite par la lettre **Q** (ou encore q), est une grandeur physique qui a la propriété de subir une force lorsqu'elle est placée dans un champ électromagnétique. Qu'est-ce que cela signifie et qu'est-ce qu'un champ électromagnétique ? Un champ électromagnétique est composé d'un champ électrique et d'un champ magnétique qui sont couplés l'un à l'autre. C'est une sorte d'état de l'espace ou une zone dans laquelle se trouvent des charges accélérées. L'homme ne peut pas percevoir les champs électromagnétiques de manière différenciée avec ses organes sensoriels, à l'exception du domaine visible, que chacun perçoit comme de la lumière. Il est difficile d'imaginer notre époque sans champs électromagnétiques. Ainsi, chaque four à micro-ondes fonctionne avec les micro-ondes du même nom et chaque téléphone portable utilise également le rayonnement des micro-ondes. L'onduleur d'une installation photovoltaïque génère également un champ électromagnétique.

Il existe deux types de charges : les charges positives (+) et les charges négatives (-). Les charges égales se repoussent, les charges inégales s'attirent. Nous sommes plus souvent en contact avec des charges dans notre vie quotidienne que nous ne le pensons. Qui ne connaît pas le grésillement et les cheveux ébouriffés lorsque l'on retire le pull en laine de sa grand-mère ? Ou la petite décharge électrique lorsque l'on touche une poignée de porte ou une pièce métallique, si la combinaison entre la semelle de la chaussure et le revêtement de sol (par exemple, une semelle en caoutchouc et un tapis) n'est pas favorable. L'origine de ces expériences quotidiennes sont les charges. Chaque objet possède des charges positives et négatives qui sont normalement en équilibre. Cependant, les processus de frottement lors de l'habillage ou de la marche déplacent cet équilibre des charges, ce qui crée une tension électrique. Lorsque les cheveux se chargent en enfilant le pull en laine, soit ils restent accrochés n'importe où (attraction), soit ils semblent flotter car ils se repoussent mutuellement. Cela se produit en raison d'une charge identique ou opposée (deux charges identiques se repoussent, deux charges différentes s'attirent).

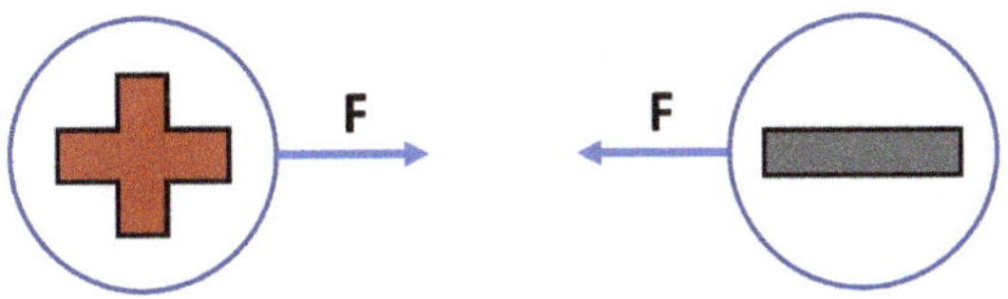

2.1.2 La tension électrique

La tension est une autre grandeur fondamentale de l'électrotechnique. La **tension U** (unité : volts) peut être considérée comme la variation d'énergie (ou travail W) d'une charge en mouvement. Ainsi, si une charge de 1 coulomb subit une variation d'énergie de 1 joule, cela signifie qu'il y a une variation d'énergie de 1 volt. Nous appelons également cela **une différence de potentiel** (entre deux points du champ électrique). La tension est décrite mathématiquement comme

$$U(t) = \frac{dW}{dQ} = \frac{J}{C} = Volt$$

2.1.3 Le courant

Le **courant** électrique est défini comme des charges en mouvement, ou en d'autres termes comme : flux d'électrons par unité de temps. Le courant électrique est désigné par la lettre **I** et son unité par la lettre A pour ampère. Le courant est décrit mathématiquement comme

$$I(t) = \frac{dQ(t)}{dt} = \frac{C}{s} = Ampere$$

Le flux de courant dépend généralement du type de matériau conducteur. Dans les conducteurs, le flux d'électrons est dû à la circulation des électrons, tandis que dans les semi-conducteurs, le flux d'électrons est dû à l'interaction entre les trous et les électrons. Mais nous allons y venir !

L'électricité peut être simplement représentée comme un flux de charges dans un conducteur électrique. La tension, quant à elle, est simplement l'énergie d'une charge qui circule dans ce conducteur.

2.1.4 La puissance électrique

Outre les deux paramètres de base que sont la tension et le courant, nous devons également nous pencher sur la notion de **puissance**. Par exemple, vous avez certainement déjà remarqué que les appareils électroménagers tels que les ampoules électriques, les blocs d'alimentation d'ordinateurs, les micro-ondes ou les climatiseurs, par exemple, portent la mention 100 W ou 250 W. La lettre W signifie ici watt, l'unité de puissance. La **puissance P** est définie comme le travail par unité de temps. La puissance indique la quantité d'énergie fournie ou consommée par un composant. La puissance peut être décrite mathématiquement comme

$$P = \frac{dW}{dt} = \frac{dQ}{dt} \cdot \frac{dW}{dQ} = U \cdot I$$

Dans la vie quotidienne et dans le domaine du photovoltaïque, vous rencontrerez souvent l'unité **kWh**. Un **kWh** est simplement l'abréviation de 1000 watts multipliés par une heure. 1 kWh est donc l'énergie qu'un appareil d'une puissance de 1000 watts absorbe ou fournit en une heure. Pour l'exprimer encore plus simplement : Si une ampoule de 20 W fonctionne sans interruption pendant 50 heures, elle consomme une énergie de 1 kWh (20 x 50 = 1000). Pour cette ampoule, 20 W signifie la consommation d'énergie de 20 J en 1 seconde, et 1 kWh signifie justement la consommation d'une puissance de 20 W pendant 50 heures.

2.1.5 Le courant continu (DC) :

En **courant continu** (en anglais : **DC** = " direct current "), le sens de circulation des électrons (ou la polarité) reste le même au fil du temps. De nos jours, le courant continu est généralement limité aux applications basse tension. La raison pour laquelle le courant continu est inefficace dans le but de transporter de l'électricité (pylône électrique, par exemple) est également un sujet intéressant, mais nous ne l'aborderons pas ici. Les batteries et les panneaux photovoltaïques fournissent du courant continu. En revanche, le courant alternatif provient de la prise de courant domestique. Nous verrons comment le transfert du courant continu vers le courant alternatif s'effectue lorsque nous étudierons plus en détail la technologie photovoltaïque.

2.1.6 Le courant alternatif (AC) :

Le courant alternatif (en anglais : **AC** = " alternating current ") varie de manière sinusoïdale en fonction du temps. La figure suivante montre une onde sinusoïdale. Ces types d'ondes ont une **période** et une **phase**. La période est simplement le temps au bout duquel le motif d'une onde se répète. Une fonction sinusoïdale simple f(x)=sin(x) a une période de 2π. Le terme phase décrit le déplacement d'une onde. Par exemple, l'onde rouge dans la figure ci-dessous est décalée de π/2 vers la droite sur l'axe x, donc sa phase est π/2. Dans la formule de la fonction, cela est exprimé par le terme -π/2. La **fréquence** d'une onde sinusoïdale est l'inverse de sa période. La fréquence est mesurée en hertz, du nom du physicien allemand Heinrich Hertz. 1 Hz correspond à une oscillation par seconde, soit 1/s.

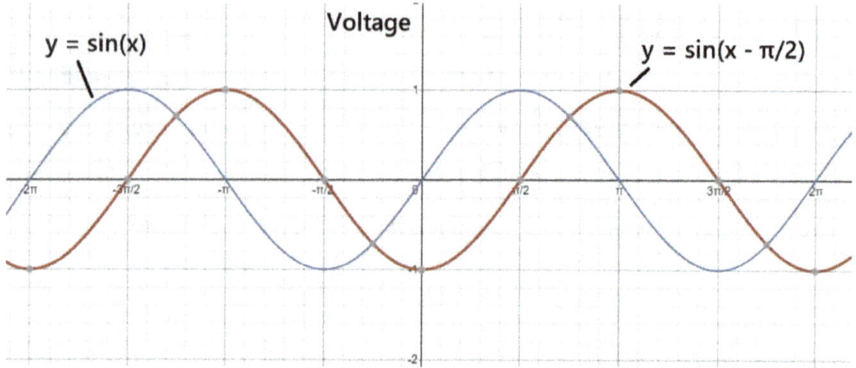

La fréquence du courant domestique est de 50 Hz ou 60 Hz et varie selon les régions. 50 Hz signifie qu'un cycle peut se répéter 50 fois en une seconde. 50 Hz signifie également que l'onde de courant alternatif traverse la tension nulle (axe x dans le système de coordonnées) 50 fois en une seconde, car la direction du courant/de la tension alternatif(e) - comme nous le savons déjà - change. Si l'on

12

choisit d'utiliser le courant alternatif plutôt que le courant continu, il est facile de modifier la tension et l'intensité du courant à l'aide de transformateurs avec peu de pertes.

2.1.7 Mesure de la tension et de l'intensité au moyen d'un multimètre

Dans la pratique de l'électrotechnique, nous utilisons souvent des multimètres comme instruments de mesure. Les multimètres à deux bornes peuvent mesurer la tension, le courant, la résistance, la capacité et l'inductance. Ils peuvent également être utilisés pour mesurer la polarité des transistors et effectuer un test de continuité. Le test de continuité nous indique si un circuit est court-circuité ou non. Les multimètres ne peuvent mesurer qu'une seule variable à la fois (comme le courant ou la tension). Pour mesurer plusieurs paramètres, nous devons utiliser plusieurs appareils individuels. L'illustration ci-dessous montre un multimètre simple avec les différentes plages de mesure. En fonction de ce que l'on souhaite mesurer, on tourne la molette de réglage sur la plage correspondante.

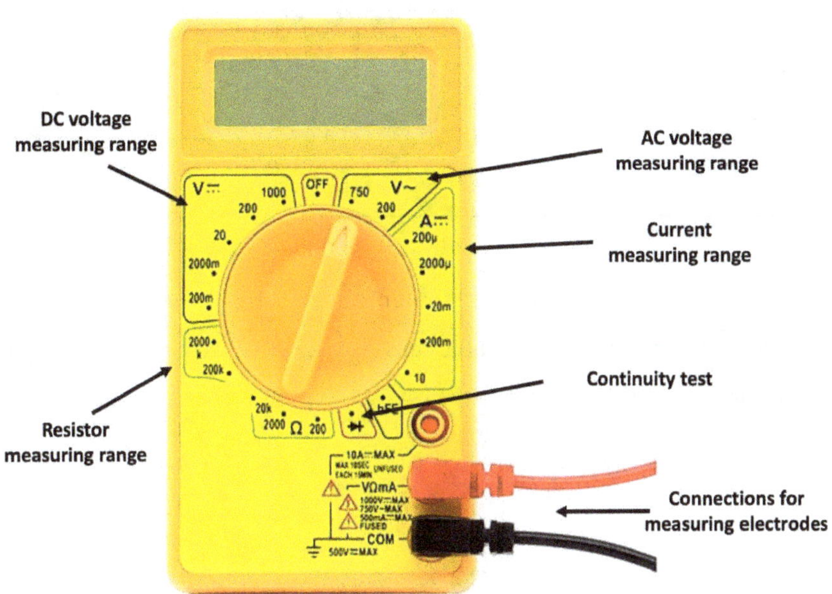

Lors d'une mesure, vous partez toujours de la tension ou de l'intensité en ampères ou de la valeur de résistance la plus élevée possible et vous baissez ensuite le réglage de l'affichage jusqu'à ce qu'une valeur appropriée soit affichée. Cela signifie, par exemple, que si vous mesurez une source de tension continue et que vous pensez que la valeur est comprise entre 20 et 200 V, vous devez régler la plage de réglage sur 200 V. Si la valeur est inférieure à 200 V, vous devez régler la plage de réglage sur 200 V.

Si vous souhaitez mesurer une tension, vous devez connecter les électrodes de mesure en parallèle à la source de tension ou au composant que vous souhaitez mesurer. Dans le cas d'une ampoule, par exemple, cela fonctionnerait ainsi :

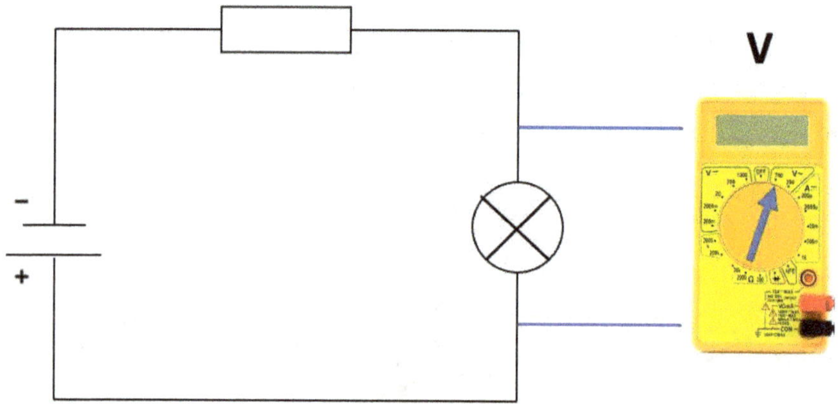

Et si l'on veut mesurer l'intensité d'un consommateur, il faut brancher l'instrument de mesure (multimètre) en série avec le consommateur, c'est à dire couper la ligne. Cela fonctionnerait alors comme suit :

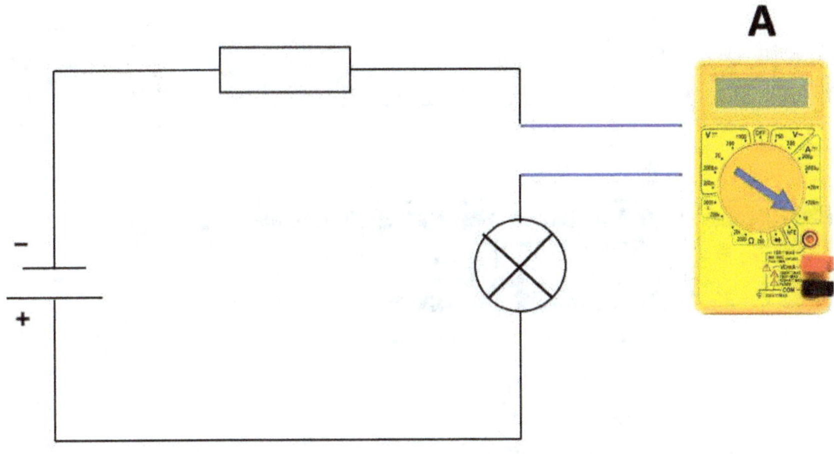

2.1.8 Connexion en série et connexion en parallèle

En principe, il est possible de connecter des composants électriques en série ou en parallèle, ou de créer un mélange de connexions en série et en parallèle. Imaginons ci-dessous plusieurs piles que nous connectons en parallèle ou en série et voyons ce qui se passe avec les deux paramètres de tension et d'intensité.

Branchement des batteries en série :

En connectant les batteries en série (en reliant une borne " - " et une borne " + " de chacune des deux batteries), la tension du circuit augmente mais l'intensité du courant reste la même. La tension totale résultante est obtenue en additionnant les tensions individuelles. Cela signifie dans cet exemple avec quatre batteries 12V 110Ah : U_{res} = 12V + 12V + 12V + 12V = 48V.

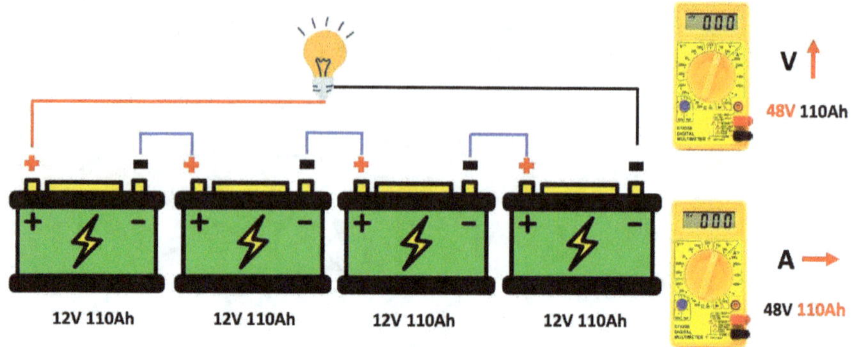

<u>Mise en parallèle des batteries :</u>

En connectant les batteries en parallèle (en reliant toutes les bornes " + " ou toutes les bornes " - "), l'intensité du circuit augmente mais la tension reste la même, l'effet est donc exactement inverse à celui de la connexion en série. L'intensité totale résultante est obtenue en additionnant les intensités individuelles. Cela signifie dans cet exemple avec quatre batteries 12V 110Ah : I_{res} = 110Ah + 110Ah + 110Ah + 110Ah = 440Ah.

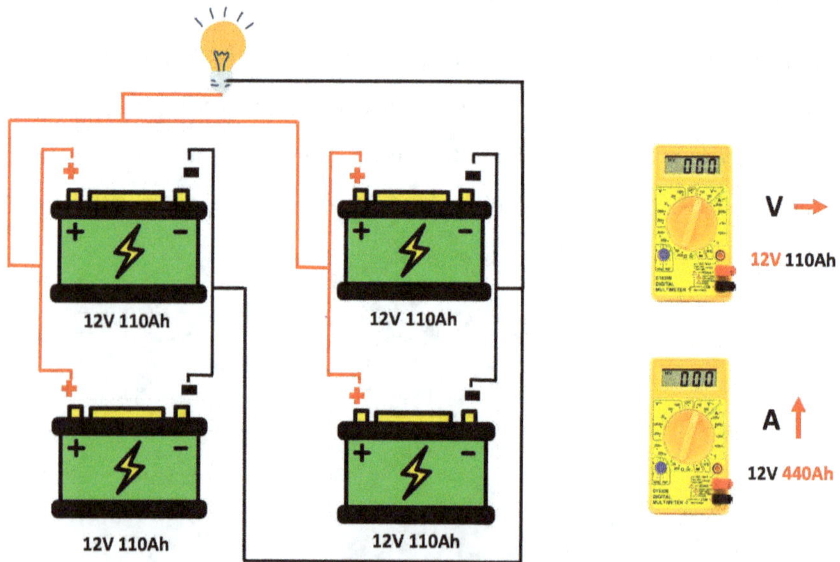

Cela ne s'applique d'ailleurs pas seulement aux batteries, mais aussi, par exemple, à l'interconnexion des modules photovoltaïques. Mais nous verrons cela en détail dans un chapitre ultérieur.

2.2 Notions de base sur les semi-conducteurs

Lorsque l'on s'intéresse au photovoltaïque, on ne peut pas passer à côté du terme semi-conducteur. La raison en est que la couche essentielle à la production d'électricité (couche photoactive) d'une cellule solaire est constituée d'un matériau semi-conducteur. Dans cette section, nous allons nous familiariser brièvement et de manière simplifiée avec les principes de base des semi-conducteurs.

Pour comprendre les principes de base des semi-conducteurs, nous allons d'abord jeter un coup d'œil à la structure d'un atome, le plus petit élément constitutif d'une substance.

Au fil du temps, il existe de nombreux modèles atomiques (par exemple, le modèle des particules sphériques, le modèle atomique de Rutherford, le modèle atomique de Bohr...). Un modèle atomique sert à se représenter de manière imagée à quoi ressemble un atome. En mécanique quantique moderne, on utilise aujourd'hui le modèle dit "orbital", qui est toutefois difficile à utiliser à des fins d'explication. Un modèle populaire et largement utilisé pour décrire clairement la structure d'un atome est le modèle de la coquille, qui se base sur le modèle atomique de Bohr. Ce modèle est suffisant pour nos besoins.

Un atome possède un noyau chargé en son centre, composé de neutrons et de protons. Les neutrons sont neutres et n'ont pas de charge, tandis que les protons ont une charge positive. De cette façon, la charge totale du noyau est positive. L'atome dans son ensemble est à son tour une particule neutre. Pour que cela soit le cas, l'atome a besoin d'électrons chargés négativement pour compenser. Un atome a le même nombre d'électrons et de protons. De plus, la charge de l'électron

(-) est égale à la charge opposée du proton (+). Par conséquent, les charges s'équilibrent vers la neutralité.

Les nombreux modèles atomiques mentionnés précédemment se distinguent principalement par l'emplacement des électrons et la manière dont ils se déplacent. Le modèle de la coquille indique que les électrons se trouvent sur des coquilles autour du noyau de l'atome et se déplacent sur celles-ci. Les électrons ne peuvent donc pas se déplacer librement dans l'espace, mais uniquement sur des trajectoires fixes. On peut se représenter cette limitation de mouvement comme un train qui ne peut circuler que sur des rails et doit les suivre. Chaque coquille a un niveau d'énergie différent. Les électrons qui se trouvent dans la couche la plus externe sont également appelés **électrons de valence**. Un mouvement de ces électrons de valence implique un flux de courant électrique.

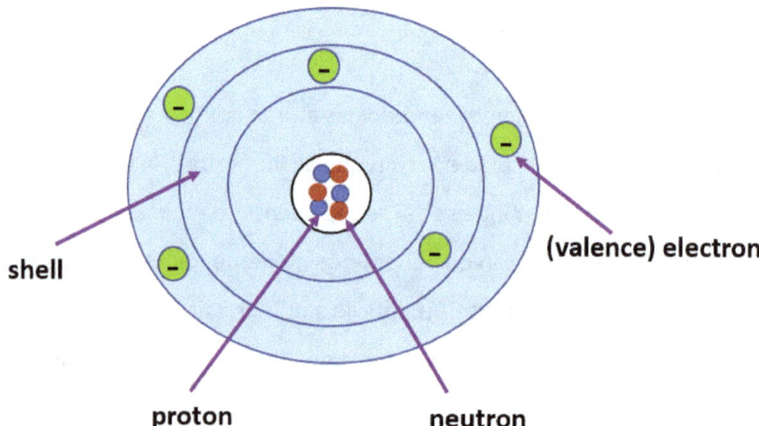

Les notions de base suivantes peuvent être un peu plus détaillées et plus difficiles à comprendre lors de la première lecture, en fonction des connaissances préalables. Il est néanmoins utile d'avoir entendu au moins une fois les termes importants en rapport avec les semi-conducteurs. Restez donc à l'écoute !

Pour simplifier, les **semi-conducteurs** sont des matériaux dont la conductivité électrique est inférieure à celle des conducteurs (par exemple, le métal) et supérieure à celle des isolants (par exemple, le plastique). D'où le nom de semi-conducteur (demi-conducteur). Le silicium (Si) est l'élément le plus fréquemment utilisé pour la fabrication de composants semi-conducteurs. Les propriétés électriques d'un semi-conducteur varient en fonction des conditions environnementales. Une propriété essentielle des semi-conducteurs est l'augmentation de la conductivité électrique lorsqu'ils sont alimentés en énergie (énergie solaire pour les cellules photovoltaïques). L'exposition à la lumière du soleil libère des électrons (qui sont normalement à des endroits fixes) et les rend disponibles pour la conduction électrique. Il en résulte ce que l'on appelle des trous. Nous allons voir cela de plus près dans un instant. Contrairement aux conducteurs, la conductivité électrique des semi-conducteurs augmente également avec la température (ce qu'on appelle les conducteurs chauds). Pour augmenter énormément la conductivité des semi-conducteurs (facteur 1.000.000), nous devons ajouter des impuretés (un autre élément ou des atomes étrangers). Ce processus d'impureté, c'est-à-dire l'ajout d'atomes étrangers aux semi-conducteurs, est appelé **dopage (dotation)**.

Il existe deux types de semi-conducteurs, qui se distinguent par le type de dopage.

p-dotation :

Lorsqu'un matériau semi-conducteur tel que le silicium est combiné avec un autre élément du troisième groupe principal du tableau périodique (par exemple le bore ou l'indium), il se forme ce que l'on appelle un **trou d'électron**. Pour simplifier, on peut imaginer qu'il manque un électron à cet endroit du trou et qu'il y a à la place les propriétés d'un porteur de charge mobile positif (mais ici seulement virtuellement - contrairement aux électrons). Comment cela fonctionne-t-il ?

L'élément silicium possède quatre électrons (**électrons de valence**) dans sa couche la plus externe. Plusieurs atomes de silicium forment ensemble une structure cristalline en forme de grille avec quatre électrons de valence chacun (donc huit électrons au total).

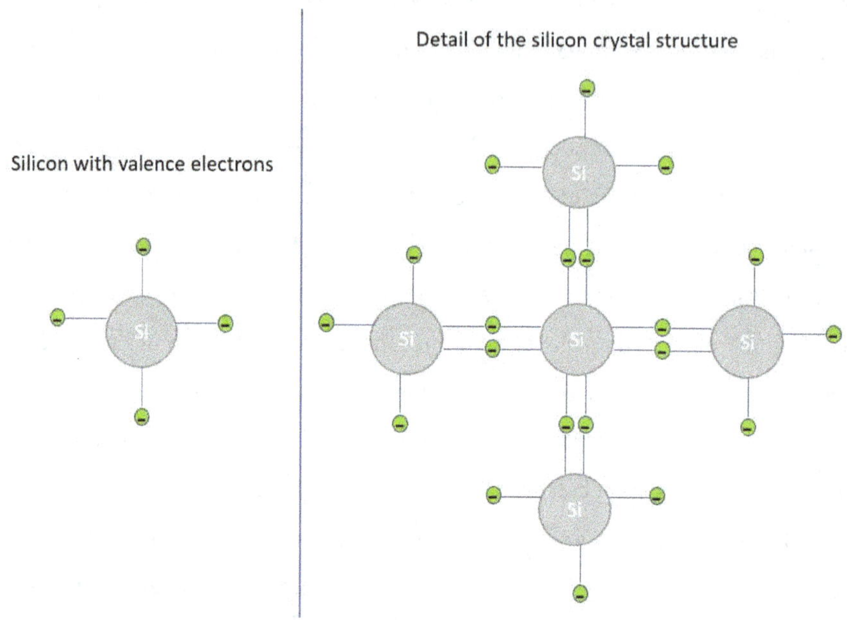

Le bore, quant à lui, ne possède que trois électrons (électrons de valence) dans sa couche la plus externe. Si, par exemple, le silicium est dopé au bore, trois électrons du bore occupent trois positions d'électrons libres dans la couche externe du silicium, alors qu'en réalité, quatre électrons sont nécessaires, c'est-à-dire qu'une position reste inoccupée. Cette position libre est le trou d'électron mentionné précédemment. Il est très probable que des électrons provenant de l'environnement viennent de combler ce trou (**recombinaison**). Un trou d'électrons se forme alors à un autre endroit. Le bore est d'ailleurs appelé **accepteur**, car il accepte un électron. Remarque : lors d'un **dopage p,** les trous d'électrons positifs prédominent sous la forme de porteurs de charge.

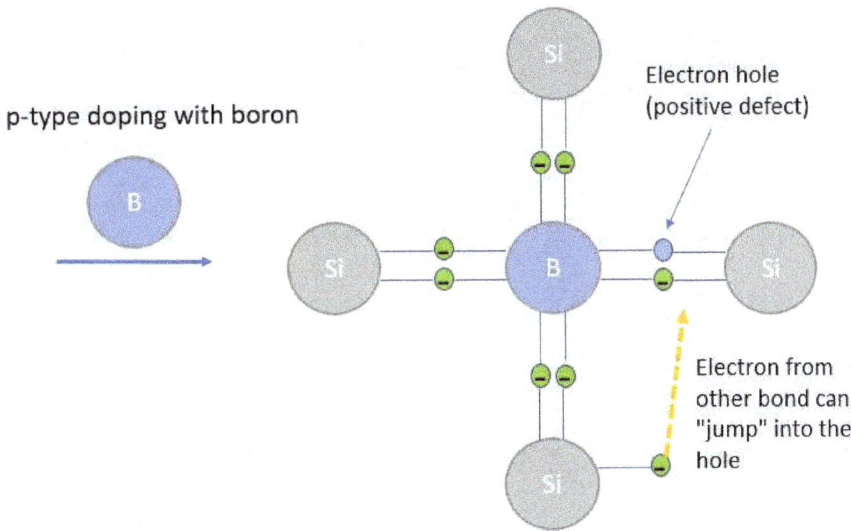

n-dotation :

Cependant, si le silicium est combiné avec un élément du cinquième groupe principal du tableau périodique qui a cinq électrons dans sa couche la plus externe (par exemple, le phosphore), nous obtenons un semi-conducteur de type n. Dans les semi-conducteurs de type n, il reste un électron de l'élément d'impureté (par exemple, le phosphore). Quatre des électrons du phosphore occupent des places libres dans la couche la plus externe du silicium, mais un électron reste libre de se déplacer. Le phosphore est d'ailleurs appelé **donneur** dans ce cas, car il fournit un électron. <u>Remarque :</u> dans le cas d'un **dopage n,** les électrons négatifs prédominent sous la forme de porteurs de charge.

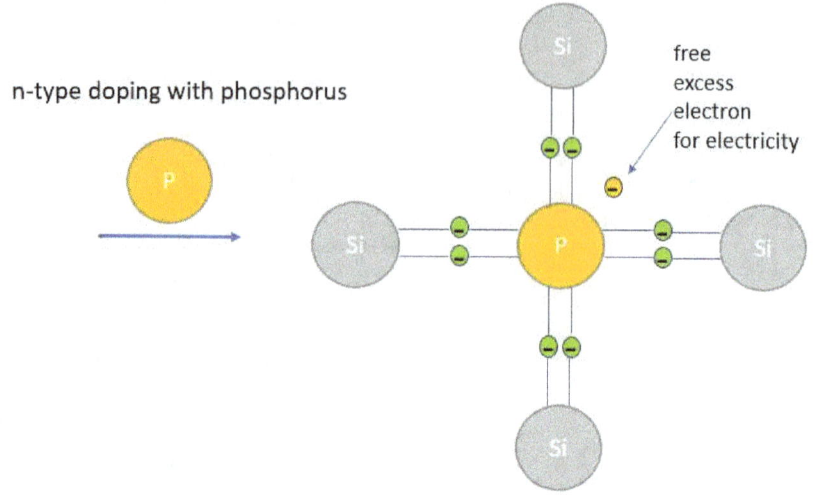

2.3 Principes de base du photovoltaïque

Qu'est-ce que le photovoltaïque et comment l'électricité est-elle produite dans une installation PV ? C'est la question que nous allons aborder dans ce chapitre. Le terme photovoltaïque est composé du terme " photos " (en grec) pour la lumière et du terme " voltaic ". Le terme " voltaic " fait référence à Alessandro Volta (physicien italien), qui a donné son nom à l'unité de tension (V), ou à l'unité elle-même.

Le principe de base du photovoltaïque est l'effet photoélectrique. Cet effet a été repris par Albert Einstein en 1905, qui l'a interprété et expliqué avec le concept de quanta d'énergie. Pour simplifier, cet effet peut être expliqué comme suit en ce qui concerne une installation photovoltaïque : Notre lumière solaire est composée de photons qui, lorsqu'ils rencontrent une cellule solaire, arrachent des électrons de sa surface semi-conductrice et génèrent ainsi de l'électricité grâce au flux d'électrons. Lorsqu'un photon rencontre un électron, celui-ci se déplace et laisse un trou (défaut d'électron). Comme nous le savons, ce flux d'électrons peut être assimilé à un flux de courant.

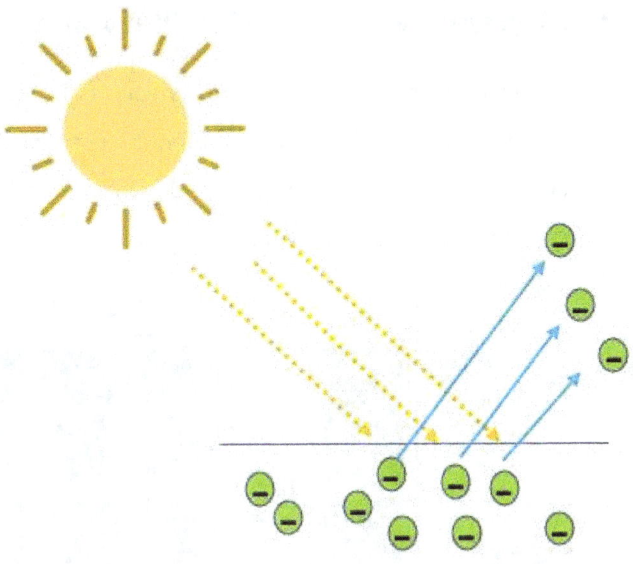

Tout rayonnement électromagnétique (la lumière est également un rayonnement électromagnétique) est quantifié en photons. Les photons ont différents niveaux d'énergie et différentes longueurs d'onde. Les photons avec des longueurs d'onde plus courtes ont une énergie plus élevée. Lors de l'impact, les photons cèdent leur énergie aux électrons.

La structure de base d'une cellule photovoltaïque est une jonction p-n qui produit du courant continu en absorbant le rayonnement solaire. Nous allons voir cela en détail dans un instant. Comme la tension et la puissance résultantes d'une seule cellule sont faibles, plusieurs cellules sont connectées en série et en parallèle pour former un module solaire complet, également appelé module PV.

Il est important de mentionner ici que les panneaux solaires ne produisent tout d'abord que du courant continu, alors que nos appareils ménagers ont besoin de courant alternatif. Pour convertir le courant continu en courant alternatif, on utilise un ou plusieurs onduleurs, selon la taille de l'installation. Nous y reviendrons plus tard.

2.4 Structure d'un système PV, d'un module PV et d'une cellule PV

Un système PV est constitué d'un grand nombre de cellules PV qui, une fois assemblées, forment un module PV. Ces modules PV sont à leur tour connectés en série ou en parallèle pour former ce que l'on appelle des chaînes et des matrices PV, qui constituent à leur tour le système PV final.

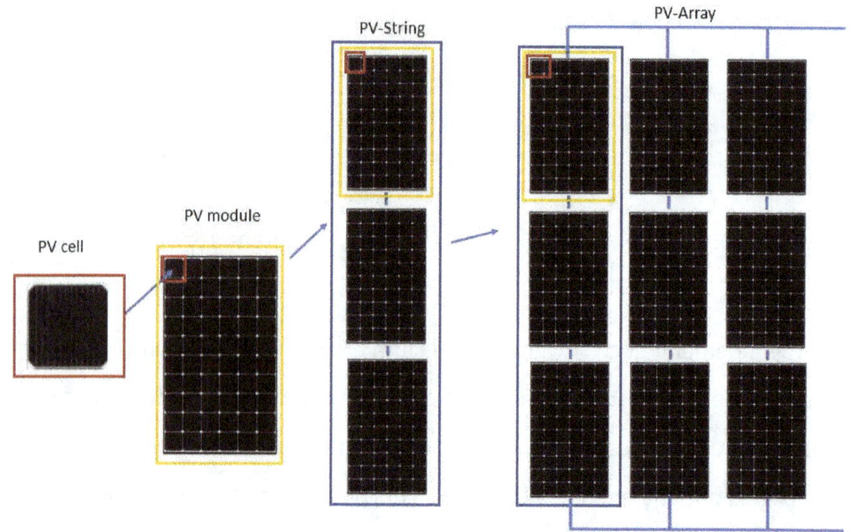

Avant d'examiner plus tard la connexion en série ou en parallèle de modules PV en chaînes et en réseaux, nous nous intéressons d'abord à la structure de la plus petite unité, la cellule PV. Comme nous le savons déjà, les cellules solaires sont composées de matériaux semi-conducteurs dopés. La fabrication - dans le cas des cellules en silicium monocristallin - se déroule comme suit : La première étape consiste à transformer du sable de quartz (SiO_2) en silicium brut. Ce processus se déroule à très haute température. Le silicium pur est ensuite obtenu à partir de cette matière première au cours des étapes suivantes.

En outre, le procédé dit de Czochralski permet de produire du silicium monocristallin à partir de silicium polycristallin. Au cours de cette étape, le silicium est également dopé avec des atomes étrangers (par exemple du bore et du phosphore) pour obtenir un matériau de type n et un matériau de type p. Lors de la dernière étape, le silicium est découpé en plaques circulaires très fines, appelées " Wafer ".

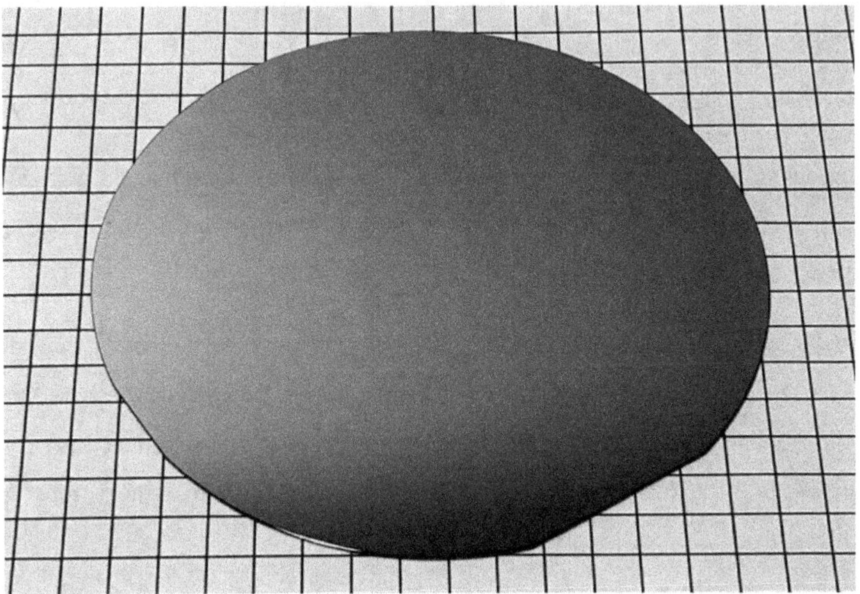

Ces plaquettes sont dopées différemment sur les deux faces. Il est alors possible de fabriquer une cellule solaire à dopage p-n.

Les cellules PV sont généralement constituées de " Wafer " très minces, d'une épaisseur d'environ 0,1 mm seulement. Les considérations précédentes nous permettent maintenant d'examiner la structure schématique d'une cellule PV. Pour cela, il suffit d'associer un matériau dopé p et un matériau dopé n de manière à obtenir une jonction p-n. La structure schématique d'une cellule PV est décrite dans la figure suivante :

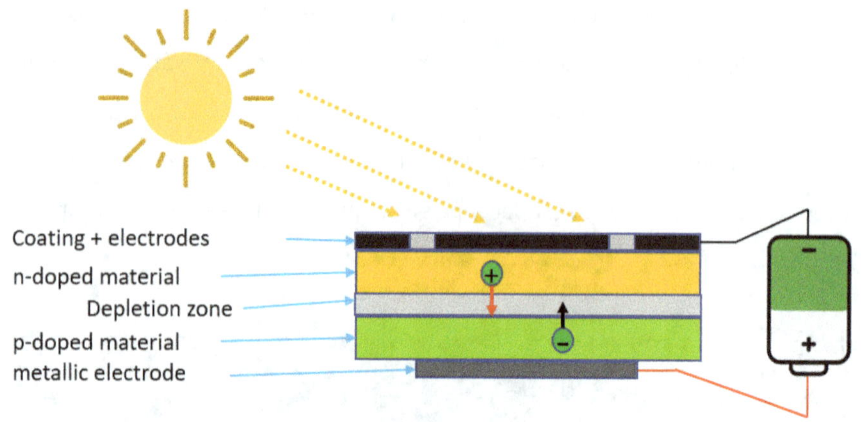

Si nous nous souvenons du comportement du matériau dopé p et du matériau dopé n du chapitre 2.2, nous pouvons maintenant voir comment le flux de courant est généré dans une cellule solaire.

Les électrons superflus de la couche n (excès d'électrons) remplissent les trous de la couche p (manque d'électrons) au point de contact entre les deux couches. Dans cette zone (zone de contact entre la couche n et la couche p) se forme ce que l'on appelle une couche limite (également appelée zone d'appauvrissement, zone de charge d'espace, couche barrière).

En raison de ce processus, il manque maintenant des électrons dans la couche n, car ils ont migré vers la couche p comme décrit ci-dessus. La couche n est maintenant chargée positivement (manque d'électrons). La couche p, quant à elle, est chargée négativement (excès d'électrons).

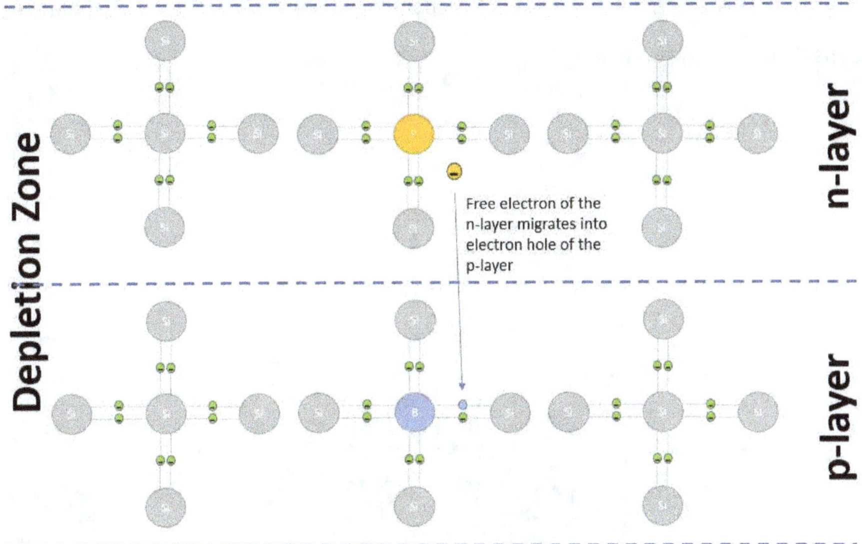

Nous laissons maintenant le soleil briller sur la couche limite de la cellule solaire. Comme nous l'avons déjà appris avec l'effet photoélectrique, les photons du rayonnement solaire peuvent libérer les électrons dans la couche limite, ce qui crée des trous et des électrons libres. Les électrons libérés sont attirés par la couche n et se déplacent vers le haut, où ils peuvent être captés par un contact métallique (électrode). Les trous chargés positivement semblent en revanche se déplacer vers la couche p chargée négativement (pas de mouvement réel ; seulement une représentation virtuelle). Il y a également un contact qui ferme le circuit électrique avec un consommateur. C'est ce processus qui crée le flux de courant (migration des électrons : électrons en mouvement = flux de courant). Lors de cette migration, il arrive cependant à certains endroits que les électrons libres remplissent les trous (recombinaison ; voir chapitre 2.2) et ne soient donc plus disponibles pour le flux de courant. On essaie donc de minimiser la recombinaison.

La couche n est d'ailleurs beaucoup plus fine que la couche p et laisse donc passer la lumière. C'est ce qui permet aux photons d'atteindre la couche limite. La migration des électrons (y compris la recombinaison) est à nouveau schématisée dans l'illustration suivante :

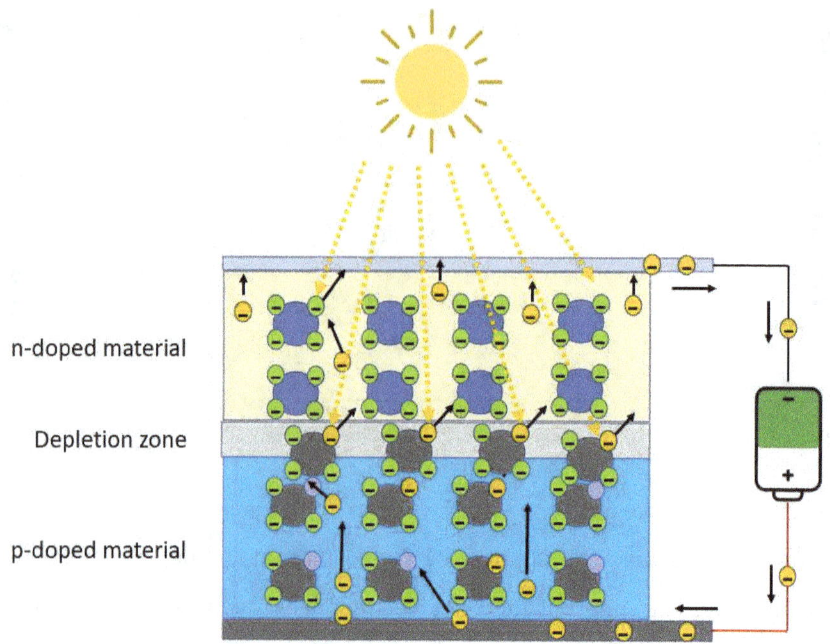

La plupart des modules solaires sont composés de 60 ou 72 cellules. Mais il existe également des modules de 36 cellules ou même de 96 cellules. Sur la face supérieure, on trouve généralement un revêtement antireflet qui donne à la cellule solaire sa couleur sombre caractéristique.

Les contacts électriques qui relient les modules solaires entre eux sont appelés barres conductrices (" Busbars ") et doigts (" Fingers "). Le procédé de sérigraphie permet d'imprimer ces contacts (généralement en argent) sur la face de la cellule solaire exposée au soleil. Ces contacts servent à capter ou à transmettre les électrons qui commencent à circuler grâce au processus décrit précédemment. Les " Finger " collectent le courant continu et le transmettent aux " Busbars ". Une électrode simple se trouve sur la face inférieure de la cellule solaire et sert de pôle opposé. Cela permet de connecter un consommateur et d'assurer la circulation du courant.

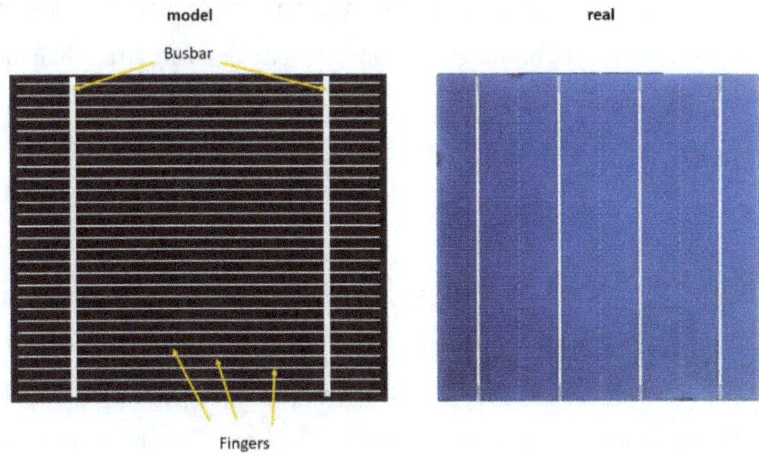

Nous allons maintenant examiner la structure d'un module photovoltaïque qui, comme nous le savons déjà, est composé de plusieurs cellules photovoltaïques individuelles. Pour que le module fonctionne de manière optimale et soit également protégé contre les intempéries, quelques éléments supplémentaires sont nécessaires.

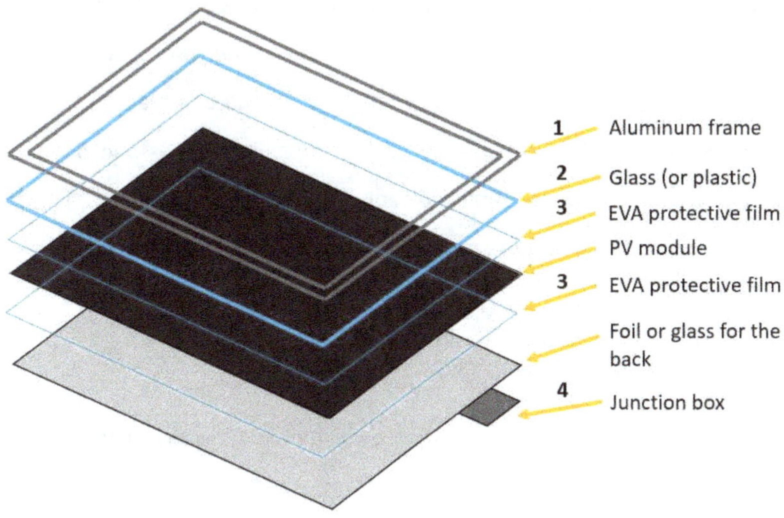

1) Cadre en aluminium :

La structure en aluminium constitue la base pour le montage des modules solaires et de leurs composants. Elle offre également un point de connexion pour la mise à la terre, de sorte que les éventuels courants de fuite puissent être acheminés en toute sécurité vers le sol. Les cadres en aluminium sont légers mais relativement résistants aux contraintes mécaniques.

2) Verre :

Les modules solaires ont du verre sur leur face avant. Le verre des panneaux solaires est généralement doté d'un revêtement antireflet pour garantir une absorption maximale de la lumière du soleil. En plus du revêtement antireflet, le verre offre également une protection contre les influences environnementales. Le matériau du verre des panneaux solaires est suffisamment solide pour résister aux contraintes mécaniques. La grêle n'est généralement pas un problème. Il est également possible d'utiliser un plastique aux propriétés similaires.

3) Film de protection EVA :

EVA est l'abréviation d'éthylène-acétate de vinyle. Cette couche de protection a pour but d'encapsuler les cellules photovoltaïques, tant sur la face supérieure que sur la face inférieure. L'encapsulation EVA offre une protection contre la pénétration de la poussière et de l'humidité. Si la couche EVA n'est pas de bonne qualité ou si elle est endommagée au fil du temps, les cellules photovoltaïques peuvent être endommagées en permettant à l'humidité de pénétrer à l'intérieur des modules solaires. L'humidité peut à son tour provoquer un court-circuit entre les barres conductrices.

4) Boîte de dérivation et connecteurs :

La boîte de jonction se trouve à l'arrière du panneau solaire. Elle permet de prélever le courant fourni par la cellule solaire. La boîte de jonction peut être équipée de diodes (diodes de dérivation). Si une cellule du module ne fournit pas de courant en raison d'un défaut ou d'un encrassement, le courant restant peut en quelque sorte être détourné par cette diode de dérivation. On peut imaginer cela comme la circulation automobile (les électrons sont imaginés comme des voitures, les lignes comme des routes). Les boîtes de jonction sont généralement équipées de connecteurs MC4. Les connecteurs MC4 sont des connecteurs résistants aux intempéries qui ont deux broches, une broche mâle pour le pôle positif et une broche femelle pour le pôle négatif.

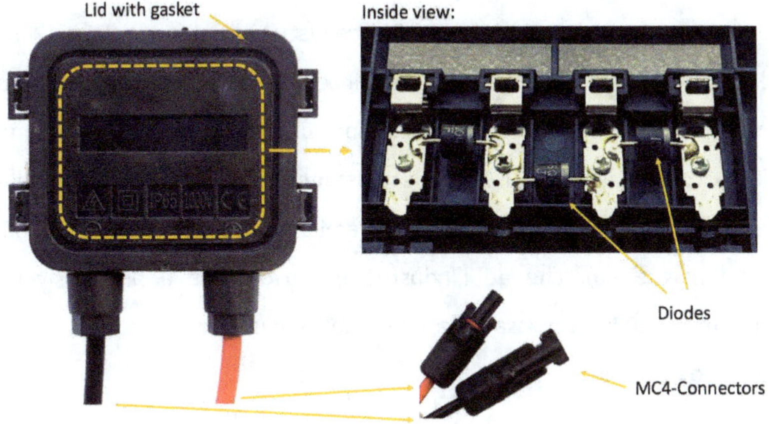

3 Une petite histoire du développement du photovoltaïque

3.1 Les différents types de modules PV

L'utilisation de l'énergie solaire pour produire de l'électricité a commencé dès le 20ème siècle, plus précisément en 1954, avec la présentation de la première cellule solaire. Celle-ci a été développée dans le laboratoire de recherche " Bell Laboratories ", aux États-Unis.

Les premières cellules solaires avaient un rendement relativement faible et étaient également très coûteuses. L'une des premières applications a été l'utilisation dans l'espace pour produire de l'électricité à l'aide de la lumière du soleil. À la fin des années 1970, les cellules solaires ont été utilisées dans des régions isolées des États-Unis pour produire de l'électricité là où il n'y avait pas de réseau électrique. Même à cette époque, le coût des cellules solaires était encore très élevé et peu de personnes pouvaient se permettre d'utiliser cette technologie. Cependant, avec les progrès technologiques, le coût des panneaux solaires a considérablement baissé au fil du temps.

En 1980, la société " Arco Solar " a été l'une des premières entreprises à fabriquer des panneaux photovoltaïques. En 1982, l'entreprise a mis en service une ferme solaire d'une puissance de 1 MW (1.000.000 de watts) en Californie (USA). Puis, en 1986, le premier panneau solaire à couche mince a été lancé sur le marché avec un rendement moyen d'environ 15,9%. Nous allons bientôt découvrir ce que sont les modules à couche mince. En 2000, la puissance totale des modules solaires installés dans le monde a atteint pour la première fois 1 GW (1.000.000.000 de watts). La part de marché de l'industrie photovoltaïque a progressivement augmenté et, en 2020, la puissance totale installée des systèmes photovoltaïques dans le monde a atteint 760 GW.

On peut s'attendre à ce que cette puissance totale et le nombre de systèmes photovoltaïques installés augmentent fortement au cours de cette décennie et des suivantes en raison des crises énergétiques et climatiques. Le soleil est la plus grande source d'énergie de notre système solaire, il est donc logique de l'utiliser pour répondre à nos besoins énergétiques.

La technologie solaire n'a cessé d'évoluer depuis ses débuts et différents types de modules PV ont été développés. Nous avons examiné la structure schématique d'une cellule solaire et l'origine du flux de courant dans une cellule PV en prenant l'exemple d'un module solaire monocristallin. Mais il existe aujourd'hui une multitude de modules et de technologies différentes.

Outre les cellules monocristallines, il existe également des cellules polycristallines, par exemple. Les modules monocristallins et polycristallins se distinguent par leur rendement. Le rendement des modules monocristallins (environ 20-25 %) est plus élevé que celui des modules polycristallins (environ 15-20 %), mais le coût des modules polycristallins est plus faible. Les modules solaires polycristallins sont en outre bien adaptés aux régions où la température ambiante est élevée, c'est pourquoi les régions très chaudes utilisent généralement des modules solaires polycristallins. En fonction du rendement (par exemple, un rendement élevé = moins de surface ou de modules pour la même puissance), du coût des modules (les modules monocristallins sont plus chers que les modules polycristallins) et d'autres facteurs, il est possible d'opter pour des modules polycristallins ou monocristallins.

Au départ, ces deux types de modules étaient les seuls parmi lesquels il était possible de choisir. Bien entendu, le développement technologique ne s'est pas arrêté là dans l'industrie photovoltaïque, et il existe aujourd'hui de nombreux autres types de cellules photovoltaïques. Nous en sommes aujourd'hui à la troisième génération de cellules photovoltaïques.

1st generation	2nd generation „Thin film"	3rd generation „New Technology"
Monocrystalline cells	Amorphous silicon thin film cells	Nanocrystal-based cells
Polycrystalline cells	Cadmium telluride (CdTe) Thin film cells	Polymer-based cells ...

Les types de modules solaires les plus répandus actuellement sont les modules PV monocristallins, les modules PV polycristallins et les modules PV à couches minces. Nous allons les examiner de plus près dans les paragraphes suivants.

3.1.1 Modules PV monocristallins

Les modules solaires monocristallins sont fabriqués à partir de silicium pur par le procédé dit de Czochralski. Ce procédé consiste à placer un germe (cristal d'ensemencement) dans un bol de silicium fondu et à en tirer un grand cristal cylindrique, appelé " Ingot ". On peut s'imaginer que cela ressemble au tirage de bougies de cire, si vous l'avez déjà fait. Le mieux est de regarder une vidéo sur le sujet. Le " Ingot " est ensuite découpé en fines " wafer ". Les cellules monocristallines sont ensuite façonnées en forme de carré. Les coins sont biseautés ou supprimés. Les cellules ont une couleur allant du bleu foncé au noir. Les avantages des cellules monocristallines sont : a) un rendement élevé (20-25%), b) une longue durée de vie (au moins 20 ans), c) la robustesse, d) un rendement électrique élevé pour une surface de toit réduite. En revanche, les inconvénients des cellules monocristallines sont les suivants : a) coût élevé à l'achat, b) mauvais bilan environnemental de la production, c) sensibilité aux températures élevées.

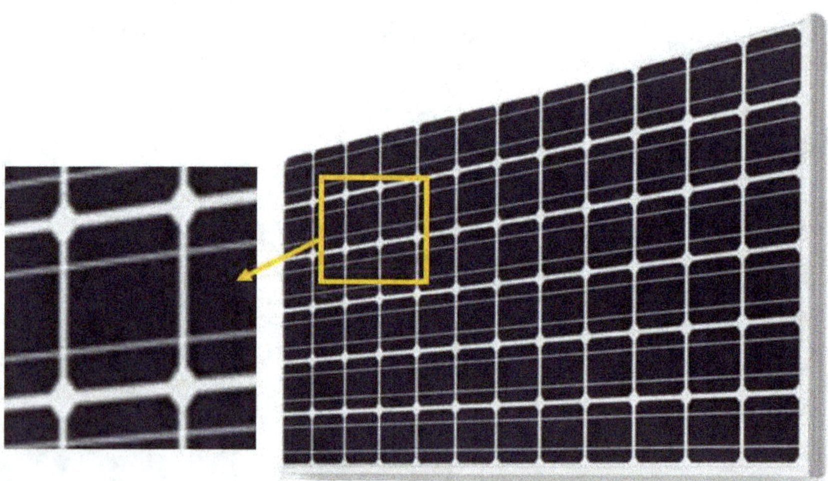

3.1.2 Modules PV polycristallins

Les panneaux solaires polycristallins sont la forme la plus récente de panneaux solaires par rapport aux panneaux solaires monocristallins. Ils ont une bonne résistance aux conditions environnementales difficiles. Les modules solaires polycristallins sont également composés de silicium et sont fabriqués en assemblant des fragments de silicium qui donnent au module PV son apparence caractéristique. Les fragments de silicium assemblés sont ensuite également découpés en fines " Wafer ".

Les cellules solaires polycristallines ont généralement une couleur bleutée et sont clairement reconnaissables à leur aspect. La forme des cellules solaires polycristallines est rectangulaire, ce qui réduit les chutes lors du processus de fabrication. Les avantages des cellules polycristallines sont les suivants : a) insensibilité aux températures élevées, b) prix inférieur à celui des cellules monocristallines, c) fabrication plus simple et meilleur bilan environnemental que les cellules monocristallines. En revanche, les inconvénients des cellules polycristallines sont : a) un rendement plus faible (15-20%), b) une surface plus importante pour un même rendement électrique (par rapport au monocristallin).

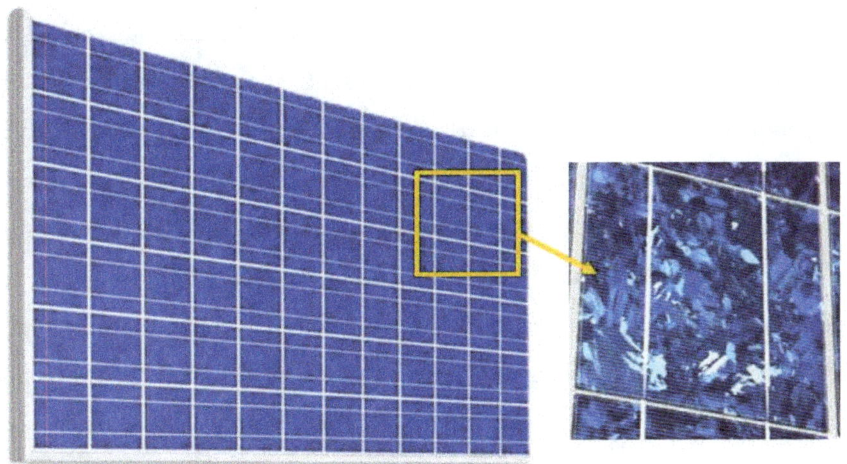

Si l'on dispose d'une surface suffisante pour la puissance photovoltaïque souhaitée, on peut dans tous les cas opter pour la variante polycristalline, moins chère et plus respectueuse de l'environnement. Sauf si l'apparence est strictement refusée pour des raisons esthétiques ou si l'installation doit fournir une puissance maximale pour la surface disponible, le choix doit alors se porter sur des modules monocristallins. Mais avant de prendre une décision, il faut également envisager les modules à couche mince.

3.1.3 Panneaux solaires à couches minces

Hormis les cellules solaires de troisième génération à base de polymères et de nanocristaux, qui ne sont pas examinées ici, les cellules solaires en couches minces de deuxième génération constituent le développement le plus avancé dans le domaine de l'industrie photovoltaïque. Contrairement à la fabrication des cellules solaires polycristallines et monocristallines, les cellules solaires à couches minces ne sont pas toujours fabriquées à partir de silicium. Par exemple, une cellule à couche mince peut également être constituée de tellurure de cadmium (CdTe) ou de séléniure de cuivre, d'indium et de gallium (CIGS). Il est également possible d'utiliser du silicium, mais dans ce cas, la structure est amorphe. Le terme amorphe décrit la structure du silicium qui, dans ce cas, n'est pas cristallin (structure de grille ordonnée), mais présente une structure atomique désordonnée (amorphe). Lors de la fabrication de la cellule PV, les matériaux sont déposés en couche mince par évaporation sur un film support. D'où le nom de cellule PV à couche mince. Ce type de cellules photovoltaïques peut être cent fois plus fin que les modules monocristallins ou polycristallins traditionnels. Les avantages de ces modules sont principalement : a) fabrication peu coûteuse, b) faible poids, c) flexibilité. Les inconvénients sont les suivants : a) faible rendement (10-15 %) b) consommation élevée de surface, c) montage difficile (car sans cadre et fin). La consommation d'espace élevée due au faible rendement est l'une des principales raisons pour lesquelles ces modules sont plutôt absents des toits des habitations privées.

3.2 Principaux chiffres clés liés aux modules PV

Lorsque vous vous renseignez pour la première fois sur les modules ou les systèmes photovoltaïques, vous êtes confronté à de nombreux chiffres et données dans les fiches techniques. Ainsi, vous vous êtes peut-être déjà demandé ce que signifiait la mention Wp ou W_{peak} ou " Watt peak ", ou encore ce qu'il fallait faire avec la tension à vide ? Examinons les données électriques les plus importantes pour les modules photovoltaïques.

Chaque module photovoltaïque possède sa propre courbe caractéristique courant-tension (courbe I-U ou courbe I-V). La courbe I-V d'une cellule solaire décrit la quantité d'énergie solaire que la cellule photovoltaïque peut convertir en électricité utilisable. En d'autres termes, la courbe I-V donne des informations sur l'efficacité ou la puissance maximale qu'un module, une chaîne ou un réseau individuel peut fournir. Il est possible d'établir une courbe I-V aussi bien pour un seul module que pour l'ensemble d'une installation photovoltaïque. La puissance qu'une cellule peut fournir au consommateur (charge) est le produit de la tension et du courant ($P = U \times I$).

Dans une telle courbe caractéristique courant-tension, c'est précisément cette évolution entre l'intensité du courant et la tension qui est représentée, par exemple en fonction de la température (sur la figure, par exemple 50 °C) ou de l'intensité du rayonnement (sur la figure, par exemple 1000 W/m²). On peut y lire la valeur de crête de la puissance du module solaire, appelée point de puissance maximale ou " maximum power point " (MMP). Ce point de puissance maximale d'une cellule photovoltaïque dépend entre autres de la température de la cellule et de l'intensité du rayonnement et n'est donc pas un point fixe, mais variable. C'est à ce point de puissance maximale que le courant de court-circuit et la tension à vide ont leurs valeurs optimales. Ces deux valeurs sont pertinentes pour la conception d'une installation photovoltaïque. Le courant de court-circuit et la tension en circuit ouvert peuvent également être lus à l'aide de la courbe caractéristique I-V. Le courant de court-circuit I_{sc} est simplement le courant qui circule lorsque la tension est (proche de) 0V, c'est-à-dire lorsque les deux pôles du module PV - sans consommateur entre eux - sont reliés entre eux, c'est-à-dire court-circuités. En revanche, la tension à vide V_{oc} ou U_{oc} est la valeur de tension à laquelle aucun consommateur ne tire de courant (0A). Un système PV doit être conçu en fonction de la température la plus basse attendue (pertinente pour la tension à vide) des modules PV et de l'irradiance la plus élevée attendue (pertinente pour le courant de court-circuit).

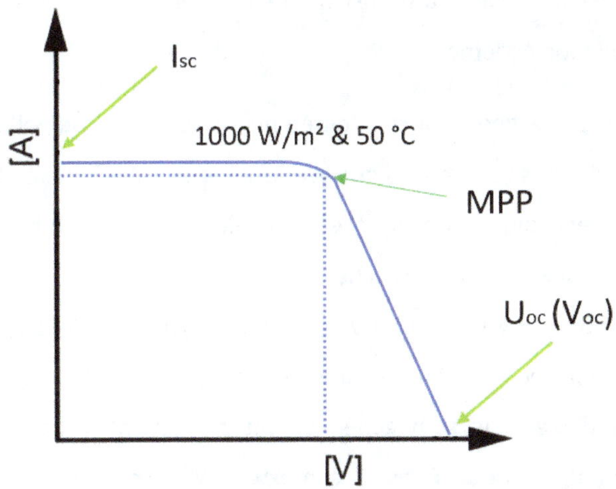

Les conditions standard (STC) pour l'efficacité maximale d'un module solaire sont une température de 25 degrés Celsius, une irradiance de 1000 W/m² et une masse d'air de 1,5. Ces conditions sont généralement appelées conditions STC. Chaque module a son propre coefficient de dégradation, l'efficacité du module diminue lorsque la température augmente.

D'autres termes importants liés aux modules photovoltaïques sont le facteur de remplissage (" Fill factor ") et le ratio de performance (" Performance Ratio ").

Le facteur de remplissage (FF) est calculé à l'aide de la formule suivante : $FF = P_{MPP} / (U_{OC} \times I_{SC})$ et décrit la puissance maximale d'une cellule PV par rapport à sa tension en circuit ouvert et à son courant de court-circuit. Le facteur de remplissage met donc en relation la puissance nominale au " maximum power point " avec la tension en circuit ouvert et le courant de court-circuit. Il peut être considéré comme le facteur de qualité d'une cellule photovoltaïque. Plus le facteur de remplissage est élevé (généralement des valeurs comprises entre 0,5 et 1, 1 étant l'idéal théorique), plus la qualité du module PV est élevée.

Le " Performance Ratio (PR) ", quant à lui, indique le rapport entre le rendement possible et le rendement obtenu et est exprimé en pourcentage. Le rendement atteint peut être facilement lu sur le compteur PV. Plus le ratio est proche de 100 %, plus l'installation est efficace.

Si vous vous renseignez sur les différents modules photovoltaïques, vous rencontrerez d'autres termes, tels que Wp. Que signifie Wp ? Wp ou W_{peak} signifie " Watt peak " et indique la puissance maximale - la puissance nominale - d'un module solaire lorsque celui-ci fonctionne dans des conditions STC (température de la cellule = 25 °C, irradiance = 1000 W/m², masse d'air " AM " = 1,5). Cette valeur permet également de comparer les modules PV entre eux. Dans la pratique, les valeurs Wp indiquées ne sont généralement pas atteintes, car les conditions environnementales varient. Dans ce contexte, kWp signifie simplement 1/1000 Wp. Cela signifie, par exemple, que 550 Wp correspondent à 0,55 kWp.

Puissance nominale : désignée par P_{max} ou P_{nenn} ou P_{MPP} [W]. Indique la puissance maximale dans des conditions normalisées. Souvent exprimée en Wc ou en kWc. L'indication est généralement supérieure à ce qui est atteint en fonctionnement réel.

Tension nominale : le plus souvent désignée par V_{MPP} ou U_{MPP} [V]. Indique la tension au " maximum power point " pour l'ensoleillement actuel.

Courant nominal : généralement désigné par I_{MPP} [A]. Indique le courant au " maximum power point " pour l'ensoleillement actuel.

Tension en circuit ouvert : tension présente sur le système PV lorsqu'aucun consommateur n'est connecté, généralement désignée par V_{OC} ou U_{OC} [V]. Mesurable avec un multimètre.

Courant de court-circuit : intensité maximale de l'installation photovoltaïque qui circule si aucun consommateur ne se trouve entre les pôles, mais que ceux-ci seraient court-circuités. Généralement désigné par I_{SC} [A].

Rendement : désigné par η [%]. Le rendement indique la quantité d'énergie incidente (rayonnement solaire) que le module PV peut convertir en électricité. Plus cette valeur est élevée, plus un module PV fonctionne bien ou est efficace, c'est-à-dire qu'il peut produire plus d'électricité qu'un autre module dans les mêmes conditions. Le rendement est déterminé dans des conditions de test standard (STC).

Irradiance : l'irradiance [W/m²] est la puissance du rayonnement électromagnétique qui atteint une surface (par exemple le module PV) par m².

Conditions de test standard (STC) : Conditions environnementales de test pour le module PV. 1000 W/m² à 25 °C et masse d'air " AM " 1,5.

Conditions de fonctionnement nominales des cellules (NOCT ou NMOT) : conditions environnementales de test qui doivent être plus proches du fonctionnement normal (conditions environnementales naturelles) afin d'obtenir des valeurs plus significatives. Par exemple, 800 W/m² à 20°C et une masse d'air " AM " 1,5 ainsi qu'un vent de 1-2 m/s et une température de cellule de 40-50 °C - selon les indications.

Exemple tiré d'une fiche technique d'un module PV :

ELECTRICAL SPECIFICATIONS			
STC rated output (P_{mpp})*	300 Wp	305 Wp	310 Wp
PTC rated output (P_{mpp})**	273.2 Wp	277.9 Wp	282.5 Wp
Standard sorted output			0/+5 Wp
Warranted power output STC ($P_{nominal}$)	300 Wp	305 Wp	310 Wp
Rated voltage (V_{mpp}) at STC	35.74 V	35.77 V	35.80 V
Rated current (I_{mpp}) at STC	8.40 A	8.53 A	8.68 A
Open circuit voltage (V_{oc}) at STC	45.16 V	45.29 V	45.42 V
Short circuit current (I_{sc}) at STC	8.91 A	8.95 A	8.99 A
Module efficiency	15.5%	15.8%	16.0%
Rated output (P_{mpp}) at NOCT	209.5 Wp	213.0 Wp	216.5 Wp
Rated voltage (V_{mpp}) at NOCT	32.63 V	32.67 V	32.70 V
Rated current (I_{mpp}) at NOCT	6.42 A	6.52 A	6.62 A
Open circuit voltage (V_{oc}) at NOCT	41.44 V	41.56 V	41.68 V
Short circuit current (I_{sc}) at NOCT	6.89 A	6.92 A	6.95 A

4 Systèmes PV et leurs composants

Nous savons désormais comment fonctionne une cellule photovoltaïque et comment les différents modules photovoltaïques sont conçus et fabriqués à partir de cellules photovoltaïques. Dans ce chapitre, nous allons nous pencher sur les autres composants d'un système photovoltaïque. Outre les modules PV, nous avons besoin de quelques autres composants pour que notre système PV fonctionne. On peut distinguer deux systèmes principaux en ce qui concerne la structure et les composants nécessaires à une installation photovoltaïque. Selon l'application choisie (injection de courant, utilisation propre, forme mixte), un système connecté au réseau (on-grid) ou une installation en îlot (off-grid) est envisageable. Pour cela, nous allons voir dans ce chapitre la structure, les composants, les possibilités de montage et la réception ou la mise en service de ces systèmes.

4.1 Systèmes on-grid vs. off-grid

Les systèmes photovoltaïques peuvent être divisés en deux groupes. Le premier groupe est celui des systèmes connectés au réseau (on-grid). Un système connecté au réseau est un système photovoltaïque relié au réseau électrique public. Dans le cas des systèmes connectés au réseau, il est possible soit de procéder à une alimentation totale, c'est-à-dire de vendre toute l'électricité au gestionnaire du réseau, soit de procéder à une alimentation partielle.

Dans le cas d'une alimentation partielle, l'installation peut par exemple être conçue de manière à couvrir autant que possible la propre consommation d'électricité et à n'alimenter le réseau public qu'avec le surplus d'électricité (par exemple lorsque le soleil brille très longtemps et intensément un jour). L'avantage des systèmes connectés au réseau est que, selon les besoins, il est possible soit d'obtenir de l'électricité auprès de l'opérateur du réseau (par exemple lorsque le soleil ne brille pas), soit d'injecter le surplus d'électricité dans le réseau public (par exemple lorsque la consommation d'électricité est faible mais que l'installation photovoltaïque fournit beaucoup d'électricité). La figure schématique suivante est une première indication de la manière dont un tel système connecté au réseau est grossièrement structuré. Les détails suivront !

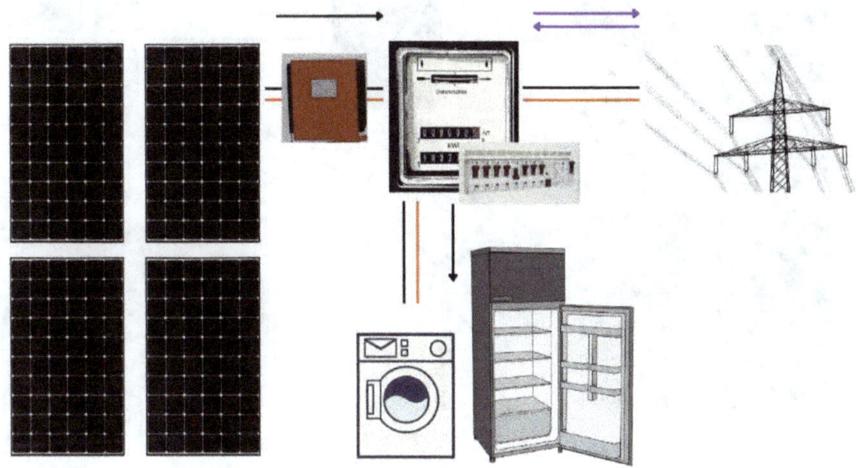

Le deuxième groupe est celui des systèmes isolés (off-grid). Ces systèmes créent une alimentation électrique autonome et peuvent être considérés comme une mini-centrale électrique indépendante.

Ces systèmes sont principalement utilisés dans les zones isolées (par exemple les pays en développement, les péniches, les camping-cars...) où l'électricité n'est pas fournie par le réseau public, mais aussi dans tous les domaines d'application (par exemple les tiny houses) où l'on mise sur une autarcie maximale. Comme le soleil ne brille pas toujours, mais que l'électricité est généralement nécessaire en continu (par exemple pour le réfrigérateur), un système autonome nécessite un stockage d'électricité (batterie et/ou accumulateur de chaleur). Ces systèmes sont également souvent couplés à un groupe électrogène de secours ou à une éolienne afin de garantir une alimentation électrique continue. La figure schématique suivante sert à nouveau de première orientation pour la construction d'une installation autonome. Cette figure intègre une boîte noire qui représente d'autres composants de l'installation photovoltaïque. Pour des raisons de clarté, nous ne les examinerons en détail que dans les sections suivantes.

Les systèmes on-grid et off-grid peuvent tous deux être planifiés avec un stockage sur batterie. L'avantage est évident : l'électricité excédentaire peut être stockée pendant les périodes de haut rendement et/ou de faible consommation afin de fournir de l'énergie solaire même si le soleil ne brille pas pendant quelques jours. En fonction de la taille du stockage de la batterie et de l'installation photovoltaïque, il est possible de couvrir plus ou moins de jours sans soleil. C'est toujours une question de coût et d'emplacement individuel de l'installation photovoltaïque.

Quel système choisir et y a-t-il des différences dans la structure des deux systèmes ? C'est ce que nous allons examiner dans les paragraphes suivants. Bien sûr, cela dépend de votre situation individuelle, mais à moins que vous ne viviez avec un peuple naturel en Amazonie ou sur une péniche, il est probable qu'un système connecté au réseau (on-grid) soit plus approprié, du moins pour votre propre maison. Ensuite, la question se pose de savoir si vous souhaitez injecter toute l'électricité dans le réseau ou la consommer dans votre propre foyer. Avec la hausse des prix de l'électricité et la baisse des tarifs de rachat, il est aujourd'hui plus rentable que jamais de consommer soi-même l'électricité et de ne réinjecter que le surplus.

Nous allons donc nous intéresser à une installation on-grid et à ses composants (y compris le stockage par batterie). La structure schématique, y compris le raccordement, est représentée dans l'illustration suivante. Nous avons besoin : **1)** de modules solaires, **2)** d'un boîtier de raccordement & d'une protection contre les surtensions DC, **3)** d'un onduleur, **4)** d'un compteur d'énergie solaire, **5)** d'une protection contre les surtensions AC, **6)** d'une distribution principale (boîtier électrique) avec compteur électrique, **7)** d'un raccordement domestique au réseau électrique public, **8)** d'une compensation de potentiel (mise à la terre), **9)** de consommateurs, **10)** en option : d'un stockage d'électricité.

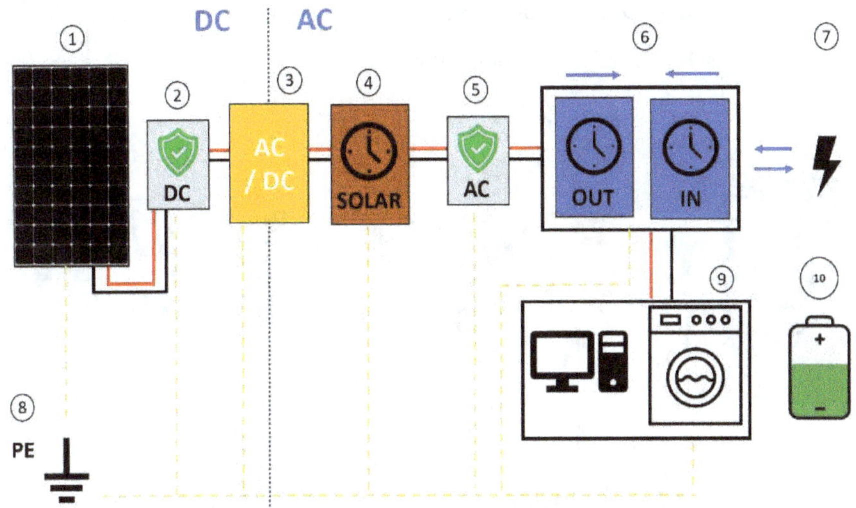

Nous verrons les différents composants en détail dans la section suivante. Mais avant cela, voici quelques informations sur l'intégration d'un système de stockage d'énergie. Il existe deux façons d'intégrer un système de stockage d'énergie dans une installation photovoltaïque. Il peut s'agir d'un stockage d'énergie couplé en CC (système à courant continu) ou d'un stockage d'énergie couplé en CA (système à courant alternatif). Examinons ces deux variantes de plus près.

4.1.1 Stockage d'énergie couplé au courant continu

Un accumulateur d'énergie couplé au courant continu (**10**) est raccordé au côté courant continu du système, c'est-à-dire directement derrière les modules solaires (après le boîtier de raccordement et la protection contre les surtensions CC). Outre le stockage d'énergie, un convertisseur DC-DC (**11**) et un régulateur de charge (**12**) sont également nécessaires pour le raccordement. Le convertisseur DC-DC abaisse la tension provenant des panneaux photovoltaïques à une tension de charge optimale. Le régulateur de charge régule le courant et la tension de charge avec lesquels le stockage d'énergie est chargé et a pour tâche de charger et de décharger le stockage d'énergie le plus efficacement possible. Une protection intégrée contre la décharge profonde empêche également la décharge profonde et protège ainsi l'accumulateur d'une panne.

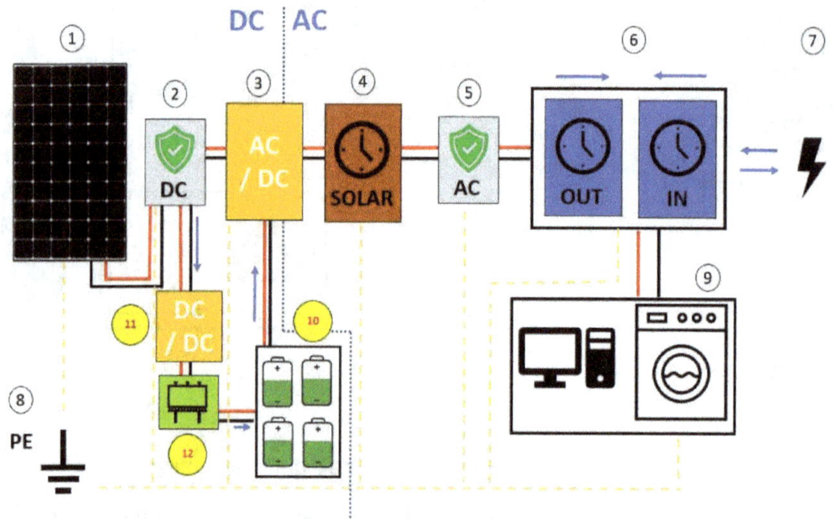

Lorsque l'électricité du stockage d'énergie est nécessaire (par exemple la nuit), elle est injectée dans le réseau électrique alternatif de la maison via l'onduleur DC-AC

(**3**). Les systèmes de stockage d'énergie couplés en DC sont généralement utilisés dans les installations PV simples et de petite taille. **Un système DC est très intéressant lors de la planification d'une nouvelle installation**, car il a un rendement élevé, ne nécessite pas beaucoup d'espace et est relativement facile à installer. **En revanche, ce système est moins adapté à la modernisation d'installations PV existantes**.

4.1.2 Stockage d'énergie couplé à l'AC

En revanche, un système de stockage d'énergie couplé en CA est connecté au réseau CA, donc seulement après l'onduleur PV. Pour ce faire, un onduleur de batterie (**11**) est nécessaire pour convertir le courant alternatif entrant du système CA en courant continu ou pour reconvertir le courant continu sortant du régulateur de charge (**12**) en courant alternatif. Le stockage d'énergie (**10**) et le régulateur de charge (**12**) peuvent être identiques au système couplé en courant continu. Les systèmes de stockage d'énergie couplés en CA sont principalement utilisés dans les grandes installations photovoltaïques et sont recommandés **en cas d'ajout d'un système de stockage d'énergie à une installation photovoltaïque existante** (aucun remplacement de l'onduleur photovoltaïque n'est nécessaire).

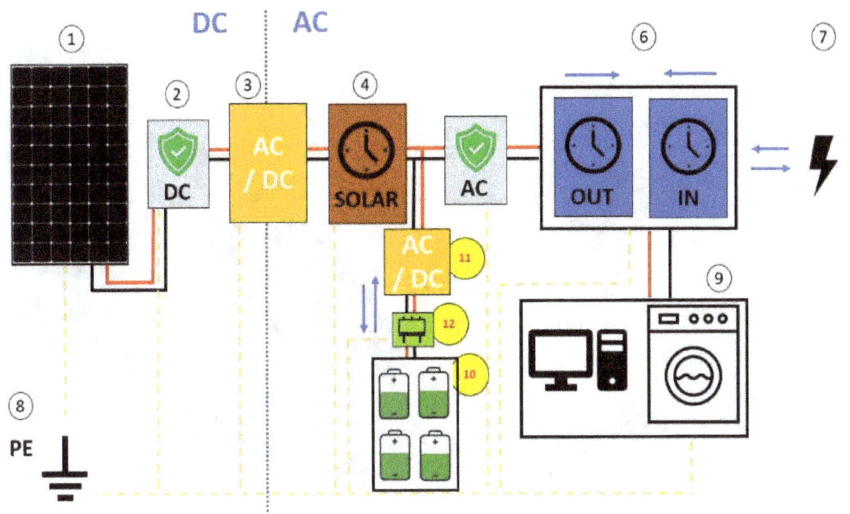

4.2 Les composants d'un système PV en détail

Dans ce chapitre, nous allons maintenant aborder en détail les composants d'un système photovoltaïque raccordé au réseau avec stockage d'énergie. **Les numéros suivants (1-12) après chaque titre de chapitre se réfèrent aux illustrations précédentes.**

4.2.1 Modules photovoltaïques & câbles solaires (1)

Les composants qui servent à produire de l'électricité dans un système PV sont les modules PV, dont nous avons déjà étudié la structure en détail. Comme nous le savons, il existe des modules PV monocristallins, polycristallins et d'autres types de modules. Toutefois, pour le raccordement de ces modules et pour les autres composants, cette distinction n'a aucune importance. Tous ces modules produisent du courant continu. Des câbles solaires spéciaux (câbles CC spéciaux) et des connecteurs (généralement des connecteurs MC4) sont utilisés pour relier les modules PV entre eux, à partir des boîtes de jonction situées à l'arrière de ces derniers, et pour acheminer le courant produit. Les câbles et les connecteurs doivent être installés dans des goulottes protégées des intempéries. La section des câbles doit être déterminée en fonction de l'installation photovoltaïque. Les modules PV doivent également être mis à la terre.

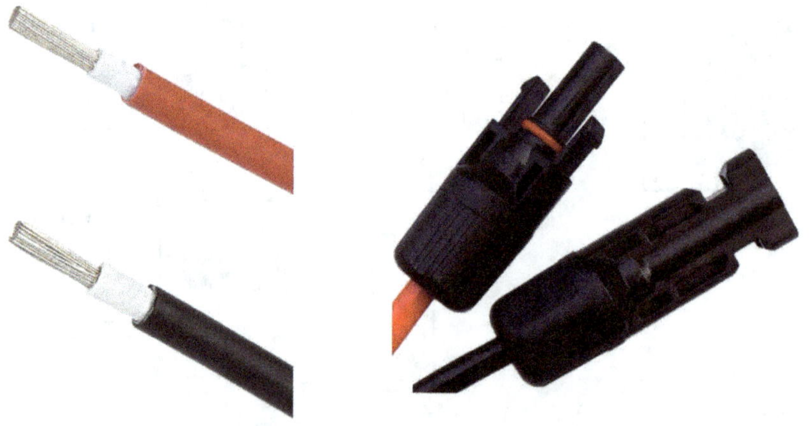

Selon le module PV, on peut s'attendre à une tension comprise entre 30 et 50 V (DC) et à un courant pouvant atteindre 5 A. Il existe deux façons de connecter plusieurs modules PV entre eux. Soit avec une connexion en série, soit avec une connexion en parallèle (ou combinée).

<u>Connexion en série :</u>

Dans le cas d'un montage en série, il suffit de relier un pôle d'un module solaire au pôle opposé du module solaire suivant (" + " avec " - " ou " - " avec " + "). Comme nous le savons déjà, lors d'une connexion en série, les tensions des différents composants s'additionnent. L'intensité du courant ne change <u>pas</u>. Par exemple, si l'on connecte quatre modules solaires ayant chacun une tension de sortie de 30V, on obtient 30V + 30V + 30V + 30V = 120V de tension de sortie. On appelle alors la connexion en série de modules PV un " String ".

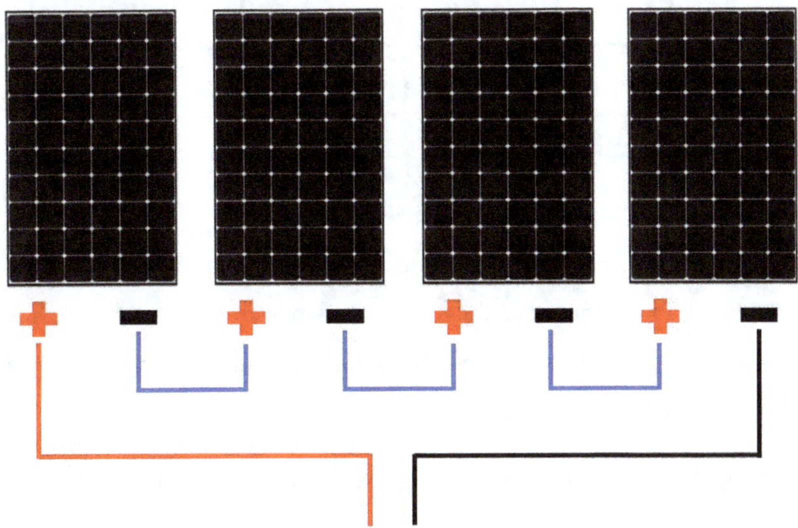

<u>Connexion en parallèle :</u>

En revanche, dans le cas d'une connexion parallèle, l'intensité du courant varie mais la tension reste la même.

Pour que les intensités de courant des différents modules s'additionnent, il faut relier les modules solaires entre eux de la manière suivante. On relie les mêmes pôles de chaque module (" + " avec " + " ou " - " avec " - "). Supposons qu'un panneau solaire fournisse un courant de 5A, l'intensité totale des quatre panneaux est de : 5A + 5A + 5A + 5A = 20A.

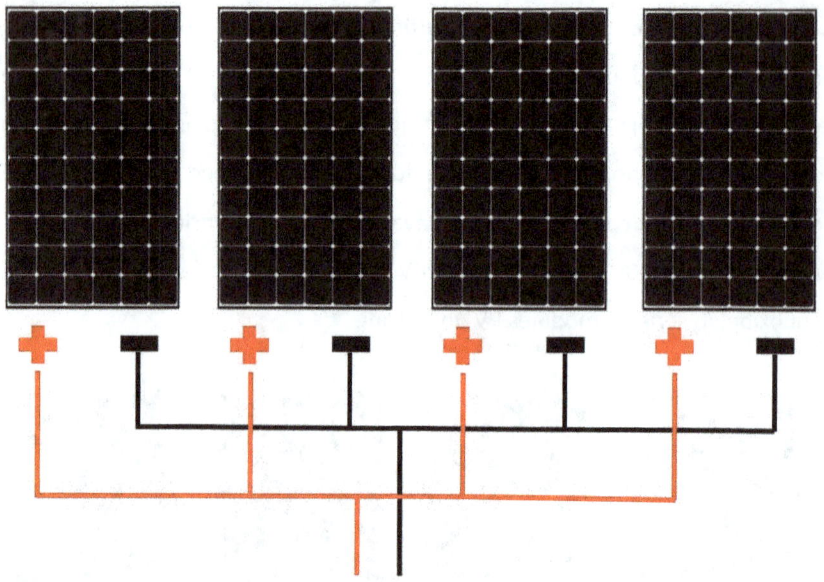

La plupart du temps, on combine la connexion en série et en parallèle des modules afin d'obtenir la puissance souhaitée du système photovoltaïque et de respecter les valeurs de tension et de courant. On forme d'abord les " Strings " (connexion en série), puis on les connecte éventuellement en parallèle à un " Array ".

4.2.2 Boîte de jonction de module avec protection contre les surtensions CC (2)

L'électricité provient alors de l'installation solaire et arrive d'abord dans un boîtier de raccordement qui contient une protection contre les surtensions. Un appareil de protection contre les surtensions est nécessaire pour chaque longueur de 10 m de câble, aussi bien du côté courant continu (DC) que du côté courant alternatif (AC). Une distinction est également faite en fonction du nombre de " Strings " installés. Le boîtier de raccordement illustré avec protection contre les surtensions est par exemple adapté au raccordement de deux " strings " PV (il dispose d'une entrée et d'une sortie par " Strings ").

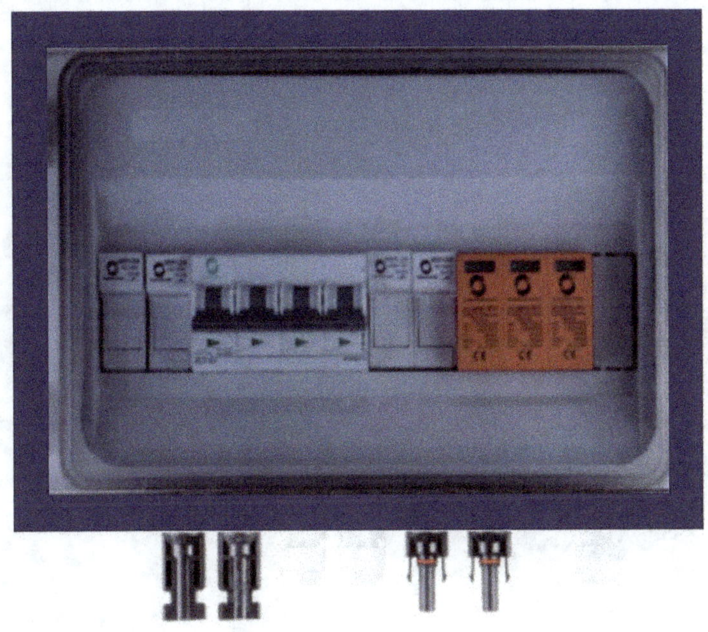

La protection contre les surtensions est nécessaire comme protection en cas de foudre et d'autres surtensions - y compris internes - afin qu'elles soient dissipées en toute sécurité et ne puissent pas causer de dommages matériels ou immatériels.

4.2.3 Onduleurs DC-AC (3)

Le courant passe ensuite de la protection contre les surtensions CC à l'onduleur via des câbles de raccordement. Celui-ci a pour mission de convertir le courant continu des modules photovoltaïques en courant alternatif. Un onduleur convertit le courant continu en un courant alternatif sinusoïdal à l'aide d'éléments de commutation à semi-conducteurs et d'une modulation de largeur d'impulsion. Nous ne verrons pas ici comment cela fonctionne exactement. Il existe également plusieurs types d'onduleurs. Selon le domaine d'application, vous pouvez choisir entre des onduleurs monophasés (230V) et triphasés (400V) ou des onduleurs hybrides (utiles pour le stockage d'électricité côté CC). À partir d'une certaine taille d'installation photovoltaïque (par exemple 5kW), il est judicieux d'opter pour un onduleur triphasé.

Il faut également distinguer les onduleurs " String " et les onduleurs " Multistring ". On peut construire son installation PV en prévoyant un onduleur séparé pour chaque " String " (plusieurs " String " onduleurs) ou en desservant plusieurs " Strings " PV avec un " Multistring " onduleur.

4.2.4 Compteur d'énergie solaire (4)

Ensuite, un compteur solaire optionnel ou un compteur de rendement peut être installé pour mesurer la production totale d'électricité de l'installation PV. Il ne faut pas le confondre avec le compteur électrique domestique normal, qui ne vient qu'au point (6). Les onduleurs modernes ont cependant presque tous un tel compteur intégré, ce qui permet généralement d'économiser un compteur d'énergie solaire supplémentaire à ce stade.

4.2.5 Protection contre les surtensions AC (5)

Une protection contre les surtensions doit également être installée du côté AC du circuit.

4.2.6 Distribution principale (boîtier électrique) avec compteur électrique (6)

Selon l'année de construction de votre maison ou de son système électrique, vous avez installé un compteur électrique analogique ou numérique. Mais ces compteurs ne mesurent que l'électricité consommée, c'est-à-dire combien de kWh d'électricité sont consommés sur le réseau public. En fonction de la quantité d'électricité et du prix, vous recevez ensuite une facture.

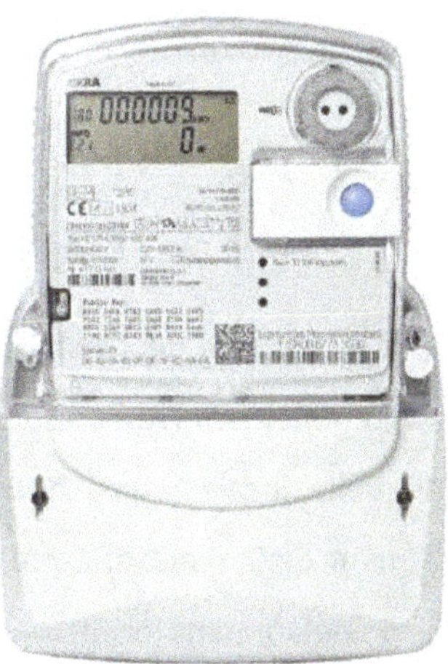

Si vous avez opté pour une installation photovoltaïque raccordée au réseau, vous avez besoin d'un compteur d'alimentation en plus d'un compteur d'achat. Ce compteur d'alimentation mesure l'électricité que vous injectez dans le réseau public et sert également à la facturation ultérieure. Normalement, l'ancien compteur de prélèvement est simplement remplacé par un compteur combiné - bidirectionnel. Celui-ci prend en charge les deux sens de comptage. D'un point de vue visuel, il est difficile de distinguer un tel compteur d'un compteur numérique. Seul le terme " compteur bidirectionnel " peut donner une indication au profane.

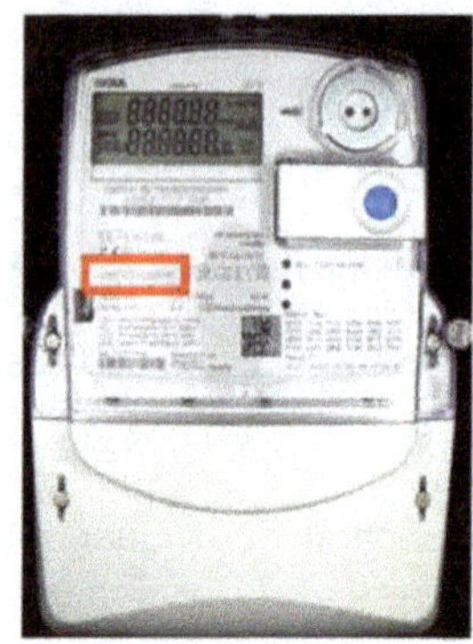
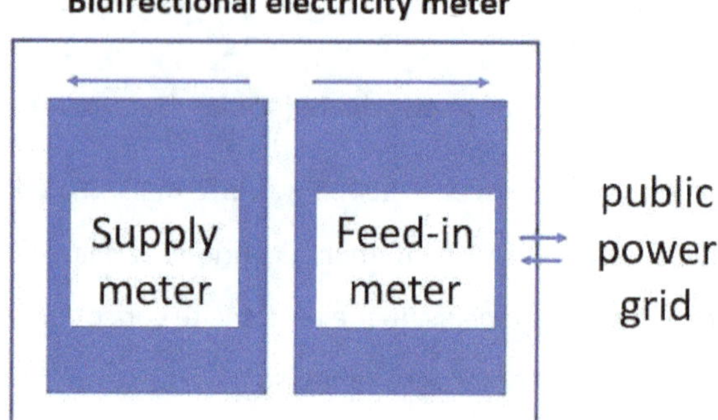

4.2.7 Raccordement domestique au réseau électrique public (7)

Ce point relie une maison au réseau électrique public. Le raccordement domestique est utilisé à la fois pour l'achat et l'injection d'électricité.

4.2.8 Equilibrage de potentiel (mise à la terre) (8)

Tous les composants de l'installation PV, ainsi que tous les consommateurs, doivent être mis à la terre pour des raisons de sécurité. Pour ce faire, une liaison équipotentielle locale (barre de mise à la terre) se trouve dans la zone du raccordement de la maison. Cette barre de mise à la terre permet d'évacuer les courants de défaut dans le sol.

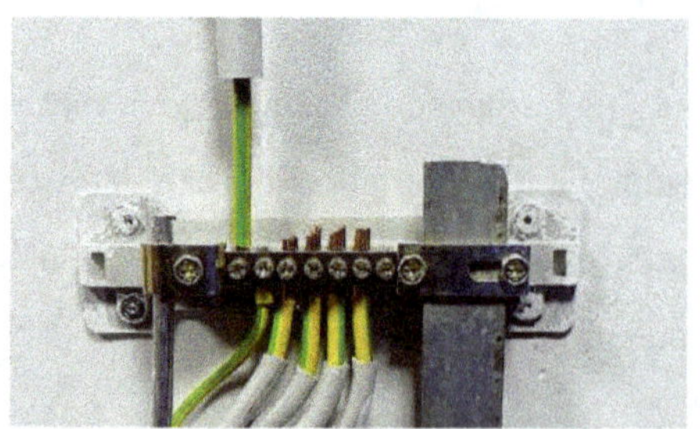

4.2.9 Consommateurs (9)

Les consommateurs tels que la machine à laver ou le PC sont connectés normalement via les prises de courant de la maison.

4.2.10 Stockage d'énergie (en option) (10)

Le problème apparemment le plus important dans le contexte de l'autoproduction d'électricité est que l'électricité ne peut pas toujours être consommée immédiatement au moment où elle est produite. Les appareils ménagers, comme les réfrigérateurs, ont besoin d'une alimentation électrique continue. D'autres appareils ne sont souvent allumés que le soir (par exemple la télévision), lorsque le soleil ne brille plus. Si l'électricité est injectée dans le réseau électrique public, cette circonstance n'a pas d'importance pour le propriétaire de l'installation photovoltaïque, car l'électricité peut être injectée à tout moment. Toutefois, si l'on souhaite obtenir une autoconsommation aussi élevée que possible, on peut résoudre ce problème en utilisant un système de stockage d'électricité (stockage par batterie). Une autoconsommation élevée est utile, car l'électricité doit être achetée à un prix relativement élevé, alors que l'électricité produite par l'utilisateur n'est rémunérée que de manière relativement faible.

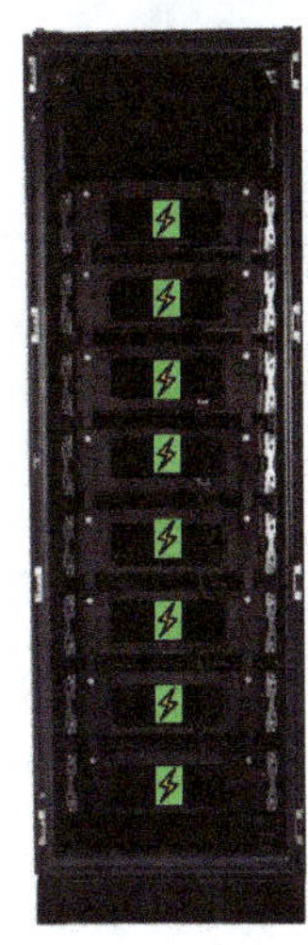

Pour pouvoir stocker l'électricité produite dans la batterie de stockage, il faut également un régulateur de charge et un onduleur de batterie ou un convertisseur de tension. Nous verrons ces deux composants plus en détail dans les sections **11** et **12**. <u>Remarque :</u> dans certains systèmes de stockage d'énergie, ces deux composants sont déjà intégrés et ne doivent pas être achetés en plus.

4.2.11 Régulateur de charge (uniquement pour le stockage d'électricité) (11)

La principale fonction d'un régulateur de charge est de protéger l'accumulateur de la batterie pendant les processus de charge et de décharge. Le régulateur de charge protège la batterie à la fois d'une charge trop importante (surcharge) et d'une décharge trop élevée (décharge profonde) en régulant le courant de charge. Selon le modèle, il y a également un affichage de l'état de charge, du courant de charge, de la tension de la batterie et de la température. Il existe généralement trois types de régulateurs de charge. 1. régulateur série, 2. régulateur " Shunt "- (PWM), 3. régulateur MPPT (" Maximum Power Point Tracking ").

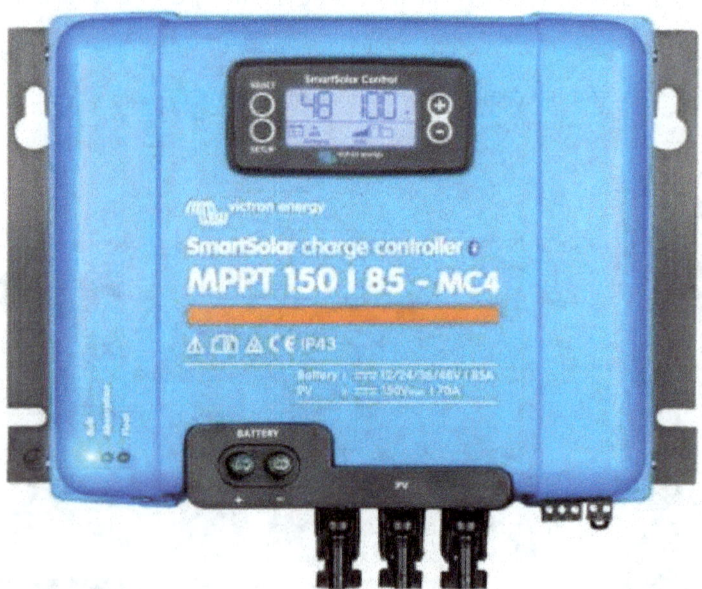

4.2.12 Onduleurs/redresseurs ou convertisseurs de tension pour le stockage sur batterie (convertisseurs AC-DC ou DC-DC) (12)

Selon que l'on souhaite monter l'installation photovoltaïque avec un stockage d'énergie couplé en CA ou un stockage d'énergie couplé en CC, on a encore besoin d'un onduleur de batterie CA/CC (pour un stockage d'énergie couplé en CA) ou d'un convertisseur de tension CC/CC (pour un stockage d'énergie couplé en CC). Nous allons maintenant nous intéresser aux deux variantes. Comme nous l'avons déjà mentionné, il existe également des systèmes de stockage d'énergie qui intègrent déjà ces composants.

Onduleur de batterie AC/DC dans le cas d'un accumulateur de batterie couplé en AC :

Cet onduleur est nécessaire car notre système de stockage sur batterie est directement connecté au circuit de courant alternatif dans le cas d'un système couplé en CA. Cependant, la batterie ne peut pas être chargée avec du courant alternatif, elle a besoin de courant continu. L'onduleur transforme donc le courant alternatif en courant continu. Cette transformation de DC en AC (**onduleur PV !**) et de nouveau en DC (**onduleur de batterie !**) entraîne des pertes de conversion plus importantes que dans le cas d'un stockage par batterie couplé en DC.

Convertisseur de tension DC/DC dans le cas d'un stockage sur batterie couplé en DC :

Dans les systèmes de stockage sur batterie couplés en DC, nous avons déjà le courant continu nécessaire (provenant directement du système PV). Cependant, en fonction de la taille du système PV, du câblage et du régulateur de charge, nous avons besoin d'un convertisseur de tension DC-DC, également appelé convertisseur de tension DC-DC, qui réduit ou augmente le niveau de tension (provenant des modules PV). Selon la connexion des panneaux photovoltaïques, la tension peut être trop élevée pour le régulateur de charge ou la batterie de stockage, c'est pourquoi elle doit d'abord être réduite à l'aide du convertisseur DC-DC. Dans certains cas, ce convertisseur est également optionnel, nous y reviendrons dans l'exemple pratique.

4.3 Montage de l'installation

Un système photovoltaïque est généralement installé sur le toit d'une maison. Cet emplacement est idéal en raison de sa hauteur (il n'y a généralement pas d'ombre due, par exemple, à des arbres) et de son orientation (l'un des pans du toit est souvent orienté vers le sud). Si l'installation sur la surface du toit n'est pas envisageable, d'autres alternatives peuvent être envisagées, comme le toit d'un garage, d'un hangar, d'un abri pour voiture ou même un espace libre. Si l'on prévoit d'installer un système photovoltaïque dans une nouvelle maison, il est également possible d'intégrer le système photovoltaïque directement dans le toit (installation dite intégrée au toit) ou même d'installer des tuiles solaires.

Les tuiles solaires sont une combinaison de tuiles avec un module photovoltaïque intégré. De loin, il est difficile de les distinguer des tuiles normales. Il existe différents fournisseurs et designs. Les tuiles sont accrochées aux lattes de toit comme des tuiles traditionnelles et sont également câblées entre elles. Les tuiles solaires sont encore relativement chères.

Nous allons maintenant nous intéresser à l'installation de modules photovoltaïques classiques sur le toit d'une maison. Il existe différents systèmes de montage en fonction du type de toit. **<u>Remarque : dans tous les cas,</u>** le toit doit pouvoir supporter la charge des modules PV (en plus de la charge de neige éventuelle), c'est-à-dire qu'il doit être conçu à cet effet. En cas d'incertitude, vous pouvez demander conseil à un ingénieur en structure. L'écoulement des eaux de pluie ne doit pas non plus être entravé par l'installation PV, sinon des dommages consécutifs peuvent survenir sur le toit.

En général, les modules photovoltaïques sont montés sur une sous-structure appropriée composée de profilés en aluminium, eux-mêmes ancrés dans le toit.

Selon la forme du toit (toit à deux versants, toit plat, toit à une pente, toit en croupe...), différentes structures de support sont utilisées et selon les tuiles (tuiles, ardoises...), différents types de montage sont utilisés. Voyons deux exemples.

4.3.1 Montage sur toit à deux pentes

Les modules PV sont montés parallèlement à la surface du toit dans le cas d'un toit à deux versants ou, plus généralement, de formes de toitures suffisamment inclinées.

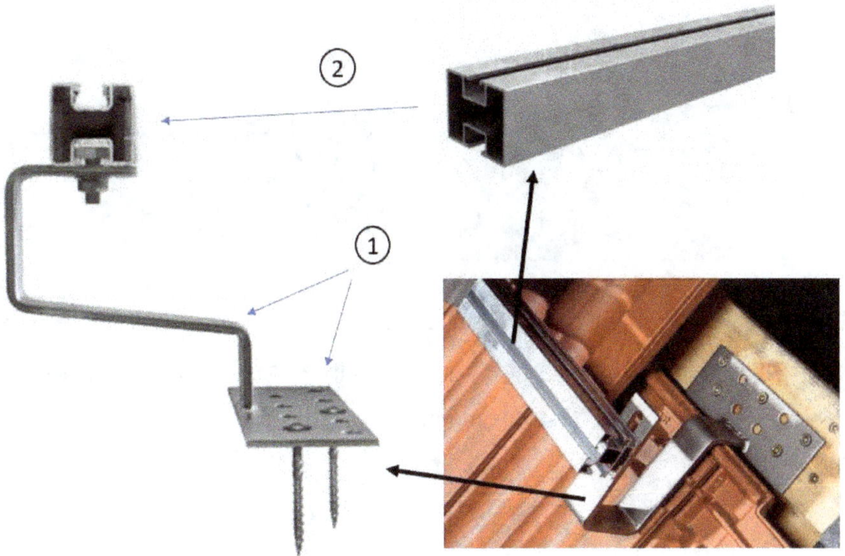

Plusieurs crochets de toit ou ancres de toit **(1)** sont vissés sur les lattes du toit, sous les tuiles. Entre ces crochets de toit sont ensuite montés des profilés en aluminium **(2)** qui supportent les modules PV. Voir l'image ci-dessus.

Selon le type de couverture de toit (tuiles, ardoises, tuiles plates...), il faut utiliser le modèle de crochet de toit prévu à cet effet. Les vis à double filetage **(1) sont** utilisées pour les toits en tôle ondulée trapézoïdale, le modèle **(2)** pour les toits en ardoise et le modèle **(3)** pour les tuiles plates. Il est également possible de remplacer les tuiles dans la zone des crochets de toit par des tuiles en tôle **(4)** et

(5). Cela permet d'éviter la rupture de la tuile sous le crochet de toit. Les tuiles traditionnelles peuvent se briser au fil du temps en raison de la charge exercée sur la tuile sous le crochet de toit.

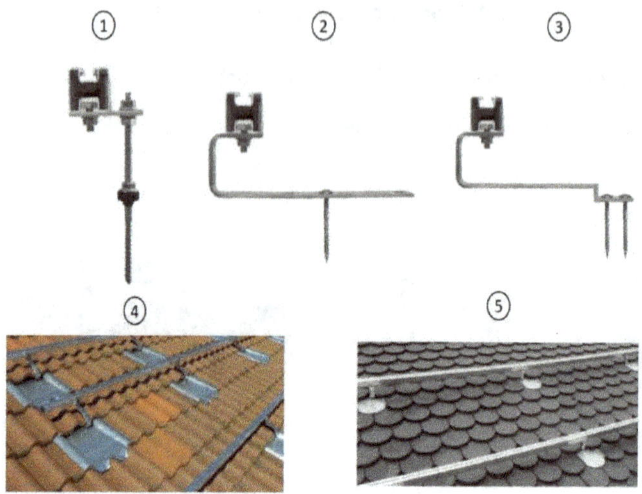

Les modules PV sont ensuite fixés sur les profilés en aluminium à l'aide de pinces de modules (matériel de montage : écrous coulissants et vis). Il existe des pinces centrales **(1)** à utiliser entre deux modules PV et des pinces d'extrémité **(2)** pour les bords.

4.3.2 Montage sur toit plat

Sur un toit plat ou un toit sans pente suffisante, la situation de montage est légèrement différente. En raison de l'absence d'inclinaison, les modules PV sont surélevés afin de mieux exploiter le rayonnement solaire. La surélévation signifie qu'une structure en forme de triangle est construite sous les modules PV. Cela permet de créer une pente suffisante. En plus d'une meilleure utilisation du soleil, un effet d'auto-nettoyage se produit en raison d'un angle de 25° ou plus, car la saleté et les débris sont mieux évacués en cas de pluie.

La surélévation est également utilisée pour les installations au sol. Dans ce cas, la structure de support est encore plus complexe.

En plus ou à la place du toit, la façade de la maison peut également être utilisée pour une installation photovoltaïque. Dans ce cas, les modules à couche mince sont particulièrement adaptés.

4.4 Réception et mise en service

Si vous souhaitez installer un système photovoltaïque sur votre toit, l'accompagnement d'un expert en photovoltaïque ou d'un électricien est essentiel pour votre projet individuel.

Dans ce livre, vous apprendrez les bases des systèmes photovoltaïques et des exemples pratiques sur la manière de planifier un système photovoltaïque, mais la forme finale de votre projet individuel doit être vérifiée par un expert. Soyez conscient qu'une planification, une conception ou une installation incorrecte peut entraîner des dommages considérables aux biens et aux personnes.

Les dommages les plus fréquents au toit, aux personnes ou à la maison entière sont dus aux incendies, aux tempêtes, au poids de la neige et à la foudre. N'hésitez donc pas à demander un conseil supplémentaire pour la planification et l'installation de votre système photovoltaïque individuel ! Si vous optez pour un système PV alimenté par le réseau, vous devez de toute façon, selon le pays, faire appel à un électricien (au moins pour le raccordement du système PV).

En revanche, vous pouvez vous charger vous-même du montage des modules. Renseignez-vous sur les lois et les obligations de déclaration en vigueur dans votre pays. En outre, si vous n'avez pas installé de compteur bidirectionnel, vous devez faire remplacer votre compteur électrique lorsque l'électricité photovoltaïque est injectée dans le réseau.

4.5 Forme spéciale : mini-centrales photovoltaïques ou centrales de balcon

Outre les systèmes photovoltaïques fixes à plusieurs modules, il existe depuis quelque temps la possibilité d'utiliser des systèmes photovoltaïques à petite échelle prêts à brancher. Ces installations photovoltaïques, composées d'un seul ou de deux à trois modules **(1)** avec un onduleur de module intégré ou un micro-onduleur supplémentaire **(2),** sont souvent appelées centrales de balcon ou installations photovoltaïques de guérilla. Le terme de "centrale de balcon" suggère que ce type de système photovoltaïque peut être installé principalement sur un balcon ou une terrasse. Cela permet également aux locataires de produire leur propre électricité. A l'aide d'une prise d'alimentation spéciale **(3)** (échange avec une prise normale par un électricien qualifié), l'installation peut être directement raccordée au circuit électrique de l'appartement, ce qui permet de réduire la consommation d'électricité. Cette prise spéciale est plus robuste qu'une prise normale et sert de protection contre les incendies et les courts-circuits.

Si la puissance de sortie du mini-système photovoltaïque ne dépasse pas 600 watts et qu'il est certifié conforme à la norme de sécurité DGS 0001, il peut également être raccordé à une prise de courant domestique standard, selon la Société allemande pour l'énergie solaire (DGS). En règle générale, en fonction de la consommation d'électricité et de la taille du mini-système photovoltaïque, vous devez également vous renseigner sur la modernité du compteur électrique intégré dans le logement, afin qu'il ne fonctionne pas à l'envers si la quantité d'électricité fournie est supérieure à la quantité consommée. En tout état de cause, l'installation d'un mini-système photovoltaïque sur le balcon peut nécessiter l'autorisation du propriétaire ou du syndic de copropriété. Renseignez-vous auprès de votre propriétaire.

5 Exemple pratique : Installation en îlot pour camping-car ou Tiny House

5.1 Planification, choix des composants et raccordement du système PV en site isolé

Dans ce chapitre, nous allons voir en détail, à l'aide d'un exemple pratique, comment la planification, le choix des composants et le raccordement d'une installation en îlot pour un camping-car ou une tiny house, par exemple, pourraient se dérouler. Pour ce faire, nous allons procéder étape par étape.

Dans cet exemple, nous supposons que le lieu d'installation (par exemple le toit) peut supporter la charge du système PV et que l'orientation ne peut pas être modifiée ou, dans le cas du camping-car, qu'elle est orientée vers le sud. Nous supposons également que le système PV fonctionne uniquement en été (avec une consommation électrique quotidienne).

5.1.1 Étape 1 : Estimation de la consommation d'électricité

Cette étape consiste à calculer la consommation d'électricité de la tiny house ou du camping-car. Nous devons le faire afin d'obtenir le nombre correct de modules PV pour la suite de la planification. Après tout, l'installation PV ne doit pas être surdimensionnée, mais elle ne doit pas non plus être sous-dimensionnée. Nous supposons, par exemple, que nous voulons alimenter un réfrigérateur, une petite télévision et un éclairage dans notre camping-car ou tiny house. Nous souhaitons également disposer d'une prise 230V supplémentaire pour charger un ordinateur portable ou un téléphone mobile. Bien entendu, vous pouvez ajouter des appareils individuels. Nous notons ces consommateurs dans un tableau, avec une colonne pour le nom de l'appareil, une colonne pour la consommation d'énergie [W] et une colonne pour la durée d'utilisation [h]. Après avoir listé tous les appareils, notez le nombre d'heures pendant lesquelles ces appareils sont allumés chaque jour. Le compresseur de refroidissement du réfrigérateur ne fonctionne pas en permanence 24h/24, mais ne se met en marche que lorsque la température réelle dépasse la température de consigne souhaitée. Vous pouvez jeter un coup d'œil à la fiche technique pour obtenir la consommation électrique moyenne. Nous prévoyons environ 4 heures de fonctionnement à 50W par jour. Nous prévoyons 2 heures d'utilisation quotidienne pour le téléviseur, 3 heures pour la prise de courant et 4 heures pour l'éclairage (mois d'été). En règle générale, prévoyez un peu plus afin de disposer de suffisamment de réserves. Dans la troisième colonne, nous notons encore le nombre de watts de chaque appareil sur la base des indications figurant sur la plaque signalétique de l'appareil. Nous pouvons calculer la consommation totale d'énergie en wattheures en multipliant le nombre de watts des appareils par le nombre d'heures nécessaires à leur fonctionnement et en additionnant ensuite les différents résultats. Le résultat pourrait être le suivant :

Désignation de l'appareil	Besoin en énergie [W]	Durée d'utilisation [h]	Besoin total en énergie par jour [Wh]
Réfrigérateur	50	4	200
Éclairage	20	4	80
TV	40	2	80
Prise de courant (PC)	90	3	270
			= 630 Wh = 0,63 kWh

Après avoir calculé la charge totale en watts et la demande totale d'énergie en kilowattheures, nous pouvons estimer la capacité de notre système solaire et de notre batterie de stockage. Mais avant cela, nous devons nous occuper d'un point essentiel de la planification : la tension du système.

5.1.2 Étape 2 : Planifier la tension du système

Avant de passer à la sélection de notre système de stockage d'énergie, nous nous penchons sur la tension du système pour notre système PV en site isolé. Cette étape est très importante, car la tension du système que vous choisirez influencera le choix des composants qui suivront. En principe, un système PV en site isolé peut fonctionner avec une tension de 12V, 24V ou même 48V. La tension du système désigne la tension qui circule dans le système (c'est-à-dire entre les modules PV connectés, via le régulateur de charge, et le stockage sur batterie). Plus l'installation PV est grande, plus la tension du système doit être élevée afin de réduire les coûts (surtout ceux du régulateur de charge). À partir de 500 Wc de puissance totale de l'installation PV prévue, il faut envisager de passer de 12V à 24V. Une tension plus élevée présente également l'avantage que des distances plus longues (câbles) s'accompagnent de moins de pertes. De plus, on a besoin de câbles moins épais (section de câble plus faible) avec des tensions plus élevées, car l'intensité du courant est ici réduite pour la même puissance (P = U x I). Si l'on reste en dessous de 500 Wp de puissance totale des modules PV et que l'on a même éventuellement quelques consommateurs 12V, on peut prévoir un système 12V. Nous verrons au cours des prochaines étapes comment les différentes tensions du système se traduisent en détail. Dans notre cas, nous optons pour un système 24V.

5.1.3 Étape 3 : Calculer la taille du stockage de la batterie

Comme nous prévoyons une installation photovoltaïque hors réseau, nous avons besoin d'une batterie de stockage qui couvre suffisamment nos besoins en électricité même s'il n'y a pas de soleil ou si le soleil est trop faible (en raison de : nuages, nuit ...). Pour cela, nous devons calculer la taille de la batterie de stockage. Nous utilisons pour cela le besoin énergétique total calculé à l'étape 1. Nous prévoyons en outre une réserve pour que notre alimentation électrique fonctionne également si le soleil ne brille pas pendant plusieurs jours. Nous prévoyons cette réserve pour 2 jours. Cela signifie que l'alimentation électrique peut être maintenue pendant 2 jours même en cas de très faible ensoleillement (c'est-à-dire que la batterie est à peine chargée). Pour cela, nous multiplions notre besoin énergétique total calculé de 630 Wh par le facteur 2 (2 jours d'autarcie) : 630 Wh x 2 = 1260 Wh. Il est également possible d'inclure dans cette étape une réserve de capacité de 30 à 50 %, par exemple, pour compenser les pertes en ligne et une durée d'ensoleillement réduite. Dans ce cas, on multiplie la valeur calculée jusqu'ici par 1,3 (30 % de réserve) ou 1,5 (50 % de réserve). Pour notre exploitation purement estivale avec une durée d'ensoleillement élevée, nous y renonçons dans cet exemple. Pour votre projet individuel, il est toutefois recommandé de prendre en compte une réserve d'au moins 15 %.

Pour obtenir la capacité de la batterie, nous devons diviser notre résultat en Wh par la tension de la batterie (nous voulons utiliser une tension de 24 V). Nous obtenons alors la capacité de la batterie nécessaire en Ah (ampères-heures). Cela signifie : 1260 Wh / 24 V = 52,5 Ah.

En outre, nous devons tenir compte du fait que la capacité de la batterie ne doit pas descendre en dessous d'une certaine valeur afin de ne pas trop décharger l'accumulateur de la batterie et de l'endommager éventuellement. Une valeur comprise entre 50 et 80 % de la capacité de la batterie est acceptable à cet égard. Les batteries au plomb, par exemple, ne peuvent être déchargées qu'à 50 % (ou selon les indications du fabricant pour les types AGM spéciaux). Dans ce cas, nous devons donc multiplier par 2 la capacité de la batterie en Ah que nous avons calculée jusqu'à présent : 2 x 52,5 Ah = 105 Ah.

Si nous optons pour une batterie au plomb, nous devons absolument choisir une batterie solaire spéciale ou une batterie au plomb de technologie AGM ou gel. La différence entre ces deux types de batteries réside dans la liaison de l'électrolyte. Si nous optons pour une technologie plus moderne et plus compacte, par exemple un accumulateur de batterie au lithium, nous ne devons tenir compte ici que de 10 à 25 % de capacité résiduelle au lieu de 50 % pour la décharge de la batterie. Le

70

stockage sur batterie au lithium est toutefois nettement plus cher que les batteries au plomb traditionnelles. Les avantages et les inconvénients sont clairement résumés dans le tableau ci-dessous :

	GEL	AGM	Lithium
Cycles de charge	500 - 1800	400 - 1500	2000 - 5000
Durée de vie	10 - 12 ans	7 - 12 ans	plus de 12 ans
Avantages	Profondeur de déchargement plus élevée, coûts modérés	Courant élevé, faible coût, faible autodécharge	Courant élevé, possibilité de décharge très profonde, rendement élevé, compact, très faible autodécharge
Inconvénients	Encombrement élevé	Profondeur de déchargement réduite, encombrement élevé	Coûts élevés

Dans notre cas, nous optons pour une batterie AGM, car nous craignons le coût plus élevé d'un investissement dans une batterie au lithium. Les batteries au lithium sont certes rentables à long terme, mais elles sont trois à cinq fois plus chères que les batteries AGM au début.

Nous avons donc calculé une valeur de 105 Ah pour notre batterie de stockage. Nous pourrions maintenant utiliser une seule batterie AGM d'une capacité de 105 Ah. Celle-ci devrait alors avoir une tension de 24 V, mais la plupart des batteries AGM n'ont que 12 V. Pour obtenir les 24 V nécessaires, nous devons connecter deux batteries en série (connexion en série : la tension s'additionne, le courant reste le même). Si la capacité des batteries choisies n'est pas suffisante, nous pouvons également connecter d'autres batteries en parallèle (connexion parallèle : l'intensité s'additionne, la tension reste la même). Dans notre cas, nous optons par exemple pour deux batteries " 12V 110Ah Deep Cycle AGM " de " Victron Energy ", que nous connectons en série. Nous obtenons alors 24V 110Ah. 105Ah sont nécessaires, ce qui signifie qu'il reste 5Ah en réserve. Nous verrons en détail comment connecter tous les composants dans la dernière étape.

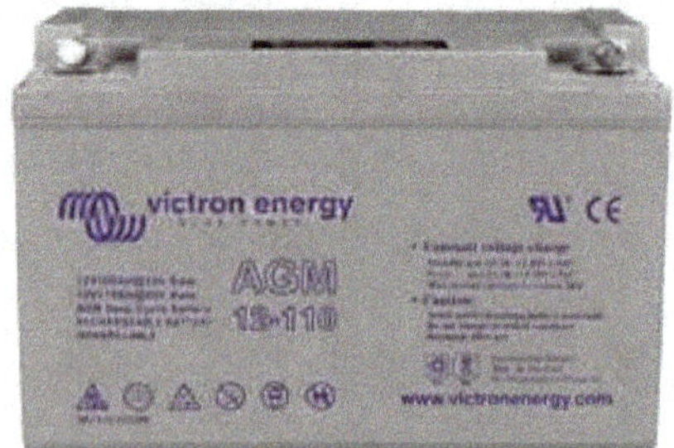
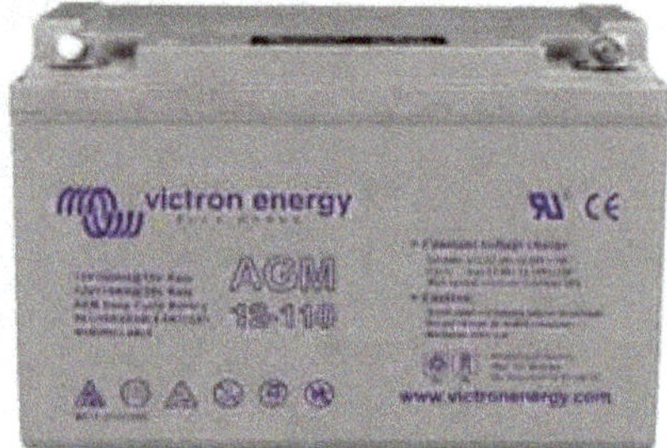

https://greenakku.de/Batterien/AGM-Batterien/Victron-Energy-12V-110Ah-Deep-Cycle-AGM-Batterie::1179.html

<u>Remarque :</u> Avec une tension de système de 12V, nous aurions obtenu une valeur de 210 Ah pour la capacité de la batterie avec 1260 Wh / 12 V = 105 Ah et avec 50% de capacité restante (2 x 105 Ah). Pour cela, nous aurions pu prévoir, par exemple, une batterie plus grande de " Victron Energy " avec 12V 220 Ah. Si vous comparez les prix, vous paierez environ (!) le même prix dans les deux cas. En revanche, pour le régulateur de charge solaire, la différence de prix sera nettement différente.

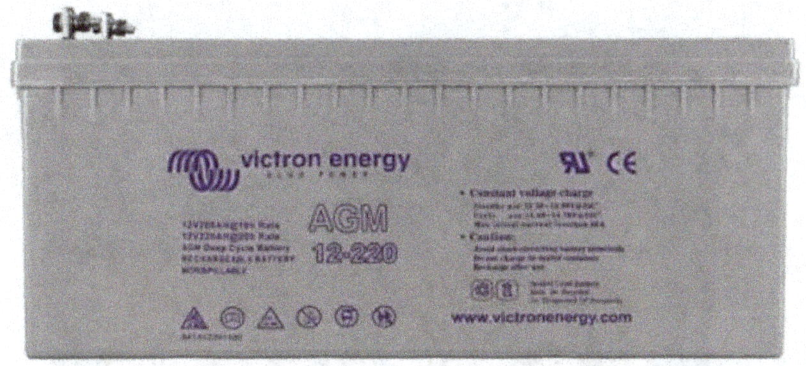

https://greenakku.de/Batterien/AGM-Batterien/Victron-Energy-12V-220Ah-Deep-Cycle-AGM-Batterie::1189.html

Si vous souhaitez opter pour la technologie au lithium, une alternative au lithium serait par exemple la batterie au lithium de " Liontron " avec 25,6V et 100A. Dans les batteries au lithium, on trouve d'ailleurs sans problème des batteries de 24V et 48V, de sorte qu'une seule batterie suffit ici. Dans ce cas, la capacité [Ah] de la batterie au lithium serait d'ailleurs largement surdimensionnée, car nous ne devons pas tenir compte d'une capacité résiduelle de 50 % avec le lithium, mais seulement de 20 % par exemple (voir le calcul et les explications précédentes). En appliquant un facteur de 1,25 au lieu d'un facteur de 2, nous obtiendrions une capacité de batterie de 65,6 Ah (1,25 x 52,5 Ah = 65,6 Ah), ce qui signifie qu'un accumulateur au lithium de 65-70 Ah serait également suffisant. Une batterie au lithium sera tout de même un peu plus chère, mais le rapport qualité/prix est nettement meilleur.

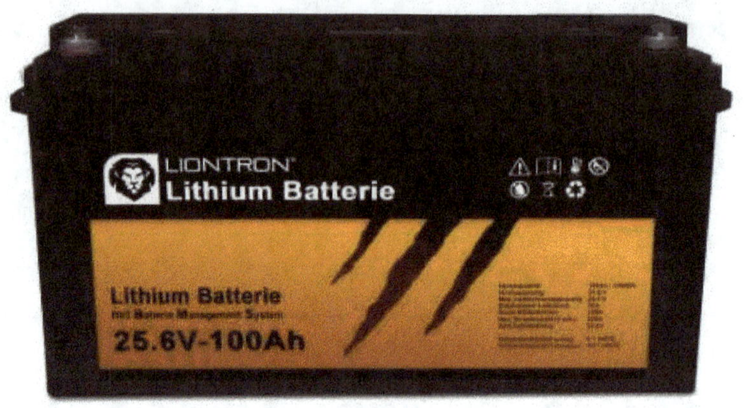

5.1.4 Étape 4 : Déterminer la taille et le nombre de modules PV

Nous connaissons désormais nos besoins énergétiques globaux et notre capacité de stockage de la batterie. Pour que nos batteries solaires soient également chargées, nous nous occupons à cette étape de la sélection et du dimensionnement des modules PV. Avant de pouvoir le faire, nous avons besoin de données concernant le lieu d'installation, l'orientation de notre installation et l'angle d'installation optimal. Pour éviter que cela ne soit trop complexe, nous partons du principe que notre tiny house ou notre camping-car est installé de manière fixe à un endroit (par exemple un camping) et qu'il n'est pas déplacé à différents endroits.

Comme nous le savons déjà, nous devons orienter nos modules photovoltaïques le plus possible vers le sud si nous nous trouvons dans l'hémisphère nord (Europe, États-Unis...). De plus, il ne devrait pas y avoir d'ombre sur les modules tout au long de la journée. Le mieux est de faire un essai sur le site que vous avez choisi en observant l'évolution de l'ombre pendant plusieurs jours.

Pour obtenir l'angle d'installation optimal, nous devons d'une part tenir compte du lieu (latitude) et de la saison (dans notre cas, l'été). Pour ce faire, nous pouvons soit jeter un coup d'œil sur une carte, soit lire les données exactes à l'aide de deux outils en ligne dont nous aurons besoin par la suite. Il s'agit par exemple de l'outil " PVGIS ", qui permet de déterminer les paramètres des installations photovoltaïques pour un site donné. Cet outil est disponible sur le site suivant :

https://re.jrc.ec.europa.eu/pvg_tools/en/

Vous pouvez également utiliser le site web : https://globalsolaratlas.info/ pour trouver les paramètres solaires d'une zone spécifique. Nous ne nous intéresserons à ce site Internet que dans le prochain chapitre.

Nous nous intéressons tout d'abord à l'outil " PVGIS ". Nous pouvons saisir dans la zone en bas à gauche l'adresse souhaitée du site à visualiser. Dans notre exemple, nous utilisons le site de Munich en Bavière. En cliquant sur " Go ", nous sélectionnons le site.

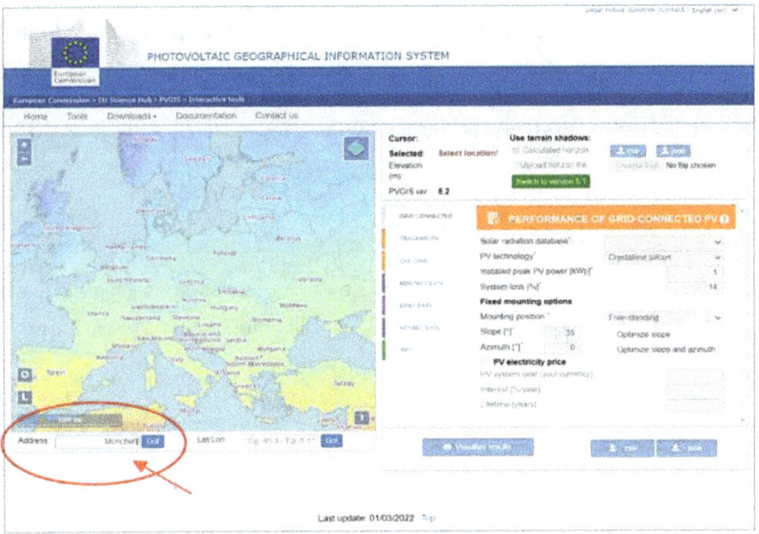

Nous obtenons alors une vue détaillée du site et la latitude et la longitude sélectionnées, ainsi qu'une indication de l'altitude du site dans la zone sélectionnée.

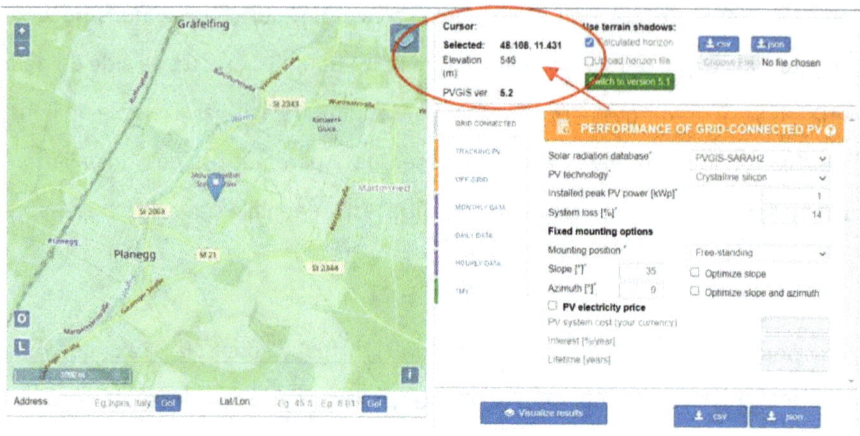

Nous obtenons ainsi dans un premier temps la latitude nécessaire, à savoir environ 48° pour le site de Munich. Pour calculer l'angle optimal d'installation de nos modules PV, nous utilisons ensuite la formule suivante : 90° moins le point culminant du soleil à " x " degrés. Nous obtenons le point culminant du soleil avec 90° - (48° - 23°) = 65°. Cela signifie que **l'angle d'installation optimal** est de 90° - 65° = **25°**. Les 23° correspondent à l'angle d'inclinaison approximatif de la Terre. Nous avons donc calculé qu'avec un angle d'installation de 25° et une orientation vers le sud, nous obtenons le rendement énergétique maximal le jour du solstice d'été.

Remarque : Si nous préférons utiliser l'installation en îlot toute l'année, nous devons la concevoir pour une utilisation en hiver. Dans ce cas, nous obtenons l'angle d'installation optimal en calculant le point culminant du soleil avec 90° - (48° + 23°) = 19°. L'angle d'installation optimal serait dans ce cas : 90° - 19° = 71°, soit une inclinaison nettement plus importante.

Maintenant que nous avons calculé l'angle d'installation optimal, nous pouvons calculer le rendement de notre installation PV dans l'outil " PVGIS " en saisissant certains paramètres requis. Pour ce faire, nous changeons le type d'installation dans la zone centrale en " OFF-GRID ", car nous prévoyons une installation autonome hors-réseau.

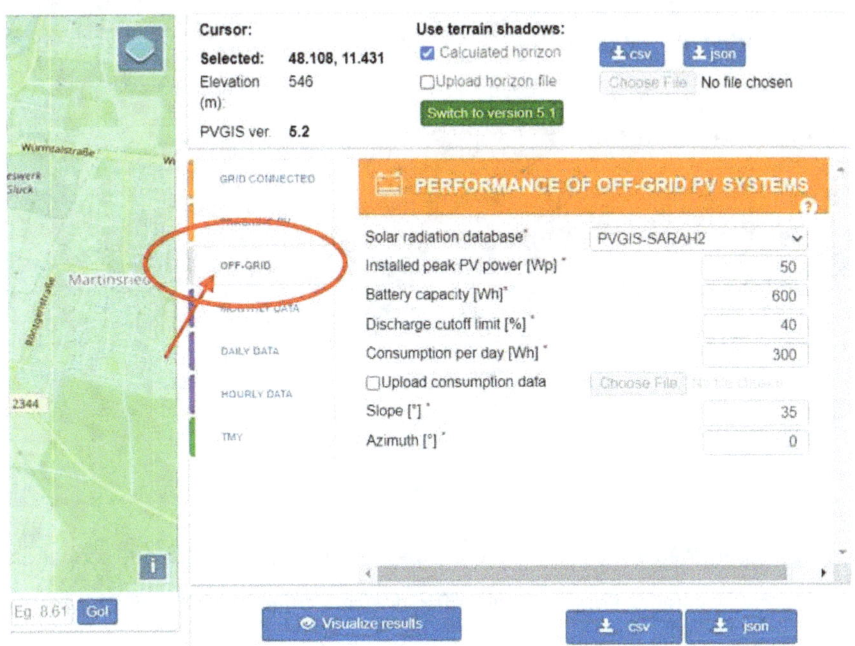

Commençons maintenant à entrer nos valeurs. Nous commençons par l'angle d'élévation (" Slope ") et l'orientation (" Azimuth ") dans la partie inférieure des champs d'entrée. Pour " Slope ", nous inscrivons l'angle d'installation calculé de 25° et pour " Azimuth ", nous inscrivons 0° (correspond à une orientation vers le sud). Jusqu'à présent, nous avons encore la consommation totale d'énergie calculée à la première étape, soit 630 Wh, que nous inscrivons à " Consumption per day [Wh] ". Comme " Solar radiation database ", nous laissons la base de données " PVGIS-SARAH2 ", qui contient des données de 2005 à 2020. Nous avons également déjà calculé la capacité de la batterie (en fait 105 Ah, mais nous utilisons une batterie de stockage de 110 Ah). Nous devons convertir ces Ah en Wh (110 Ah x 24V = 2640 Wh) et les inscrire dans " Battery capacity [Wh] ". Pour " Discharge cutoff limit [%] ", nous inscrivons la profondeur de décharge de 50 % mesurée à l'étape précédente.

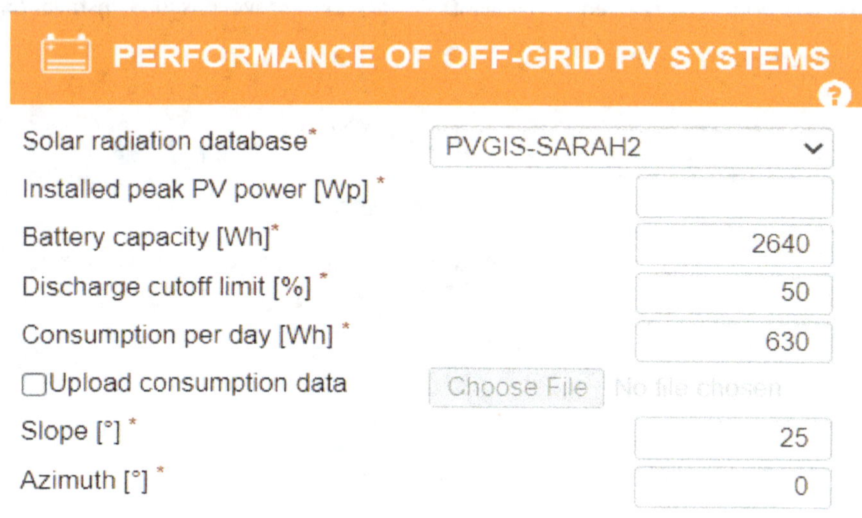

Il reste un paramètre, à savoir " Installed peak PV power [Wp] ". Nous souhaitons trouver cette valeur. Pour cela, il suffit de saisir une valeur quelconque, par exemple 500 [Wc], et d'afficher les résultats. Nous verrons alors si nous avons besoin d'une puissance totale de module PV plus élevée ou si elle est même déjà trop élevée. Pour ce faire, nous cliquons sur " Visualize results ", puis sur le bouton " Performance ", afin de pouvoir évaluer les jours où la batterie est pleine ou vide.

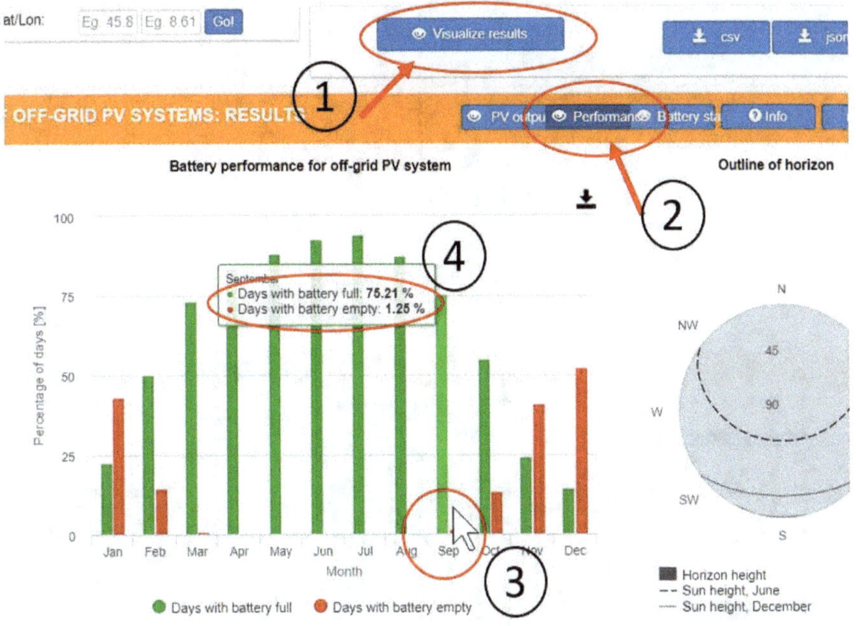

Nous voyons maintenant qu'au cours des mois d'avril à septembre, nous ne trouverions une batterie vide que dans 1,25 % des jours du mois de septembre au maximum (vide signifie ici, en raison de la limite de décharge saisie, déchargée à 50 %). Cela signifie qu'avec des modules photovoltaïques d'une puissance totale de 500 Wp, nous serions déjà assez bien équipés.

Si l'on se réfère au mois de septembre, cela signifie que nous ne devrions passer qu'une fraction de journée (30 jours x 1,25 % = 0,375 jour) avec une batterie vide (= 50 % de décharge). Pendant les mois d'hiver, la situation est très différente, comme le montrent les barres rouges. Mais, comme nous l'avons dit, nous ne considérons que le fonctionnement en été (avril-septembre). Pour ne pas avoir à passer un seul jour avec une batterie vide, nous augmentons simplement notre puissance totale par paliers de 50 Wc jusqu'à ce que nous ne voyions plus de barre rouge entre avril et septembre (" Days with battery empty " inférieure à 0,5 %). Dans cet exemple, cela serait déjà le cas à 550 Wp.

Nous avons donc besoin d'une puissance photovoltaïque totale d'environ 550 Wp.
Que signifie Wp, déjà ? Wp signifie " Watt peak " et indique la puissance maximale
d'un module solaire lorsqu'il fonctionne dans des conditions optimales
(température des cellules = 25 °C, irradiance = 1000 W/m², masse d'air = 1,5). Cette
valeur permet de comparer les modules photovoltaïques entre eux.

Les modules PV sont disponibles en moyenne entre 50 Wp et 400 Wp, selon la taille
et le modèle.

Dans notre cas, nous pourrions par exemple installer soit deux modules solaires
monocristallins de 360 Wp " BlueSolar " de Victron Energy (disponibles par
exemple ici : https://greenakku.de/Solarmodule/Solarmodule-ab-200Wp/Victron-
BlueSolar-Solarmodul-Monokristallin-360Wp::3678.html), soit deux modules de
330 Wp " BlueSolar " en version **polycristalline** (disponibles par exemple ici :

Nous obtiendrons ainsi encore un peu plus de puissance que souhaité (peut être considéré comme une réserve). Nous obtiendrions alors soit 2 x 360 Wp = 720 Wp, soit 2 x 330 Wp = 660 Wp au lieu des 550 Wp demandés. Si vous ne souhaitez pas une réserve aussi importante, vous pouvez choisir des modules plus petits, par exemple de 50 Wp chacun, et en assembler 11 pour atteindre les 550 Wp.

Il convient de noter qu'il existe également des kits prêts à l'emploi comprenant des modules photovoltaïques, une batterie de stockage, un régulateur de charge..., qui peuvent parfois vous faire économiser de l'argent. Orientez votre recherche en fonction des paramètres requis (Wp pour les modules PV et kWh ou Ah pour le stockage par batterie). Si un régulateur de charge est inclus dans le package, lisez d'abord l'étape suivante ou, de manière générale, l'ensemble des étapes avant de vous décider.

5.1.5 Étape 5 : Régulateur de charge

Maintenant que nous connaissons la capacité de stockage de la batterie et le nombre de modules PV pour notre exemple de projet, nous pouvons passer au régulateur de charge. À quoi sert un régulateur de charge ? Ce composant veille à ce que le système de stockage de la batterie soit chargé à la bonne tension, il empêche également une surcharge du système de stockage de la batterie, il protège également le système de stockage de la batterie contre les décharges profondes et assure une longue durée de vie au système.

En principe, il existe deux types de régulateurs de charge, d'une part le type " PWM " et d'autre part le type " MPPT ". Examinons brièvement les différences.

PWM

MPPT

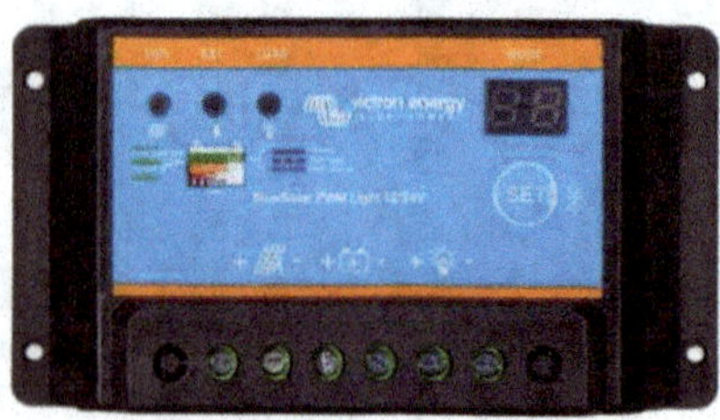

L'abréviation " PWM " signifie modulation de largeur d'impulsion. Jusqu'à ce que la batterie soit complètement chargée, ce régulateur de charge laisse passer quasiment autant de courant que nécessaire pour charger complètement la batterie. Ce n'est que lorsque la batterie est entièrement chargée que le régulateur de charge active et désactive en permanence l'alimentation électrique de la batterie (technologie PWM) afin de maintenir une tension constante dans la batterie. On peut donc simplement l'imaginer comme une sorte de gardien qui -

en fonction de l'état de tension de la batterie - active ou désactive un interrupteur. Un régulateur de charge à modulation de largeur d'impulsion doit toujours être utilisé lorsque la tension des modules PV interconnectés est similaire à la tension de la batterie de stockage (par exemple, le circuit PV fournit ~ 12V et la batterie de stockage est prévue comme système 12V). Un régulateur de charge PWM est plus simple et moins cher qu'un régulateur de charge MPPT et est donc généralement utilisé dans les petits systèmes PV.

L'abréviation " MPPT " signifie " Maximum Power Point Tracking ". Le " Maximum Power Point " est le point où le rapport entre le courant et la tension est optimal pour une production de puissance maximale. Ce point varie en fonction de l'ensoleillement, ce dont le régulateur de charge " MPPT " peut tenir compte. Ce régulateur de charge est certes beaucoup plus cher qu'un régulateur de charge PWM, mais il est aussi beaucoup plus efficace. Il est préférable de choisir un régulateur de charge " MPPT ", en particulier pour les systèmes photovoltaïques de grande taille et une tension photovoltaïque plus élevée.

Il se peut que vous ne trouviez pas de convertisseur DC-DC dans notre configuration actuelle, comme décrit dans l'un des chapitres précédents. Cependant, comme nous l'avons mentionné, nous n'en avons besoin que si la tension entre le circuit du panneau PV et le stockage de la batterie ne correspond pas. Si c'était le cas, nous aurions besoin d'un convertisseur DC-DC si nous choisissions un régulateur de charge PWM. En revanche, si nous optons pour un régulateur de charge " MPPT ", la plupart des appareils intègrent déjà un convertisseur de tension DC-DC, ce qui nous permet d'économiser un composant supplémentaire.

Comment calculer la taille du régulateur de charge pour notre système ? Ce n'est pas si compliqué.

D'une part, nous devons choisir le régulateur de charge en fonction de l'intensité requise [A]. Pour ce faire, il suffit de diviser la puissance totale de nos modules PV [Wp] par la tension [V] de la batterie de stockage. Dans notre exemple, en choisissant des modules PV de 2 à 330 Wp, cela signifierait : 660 Wp / 24 V = 27,5 A. Le régulateur de charge solaire devrait donc fournir au moins jusqu'à 28 A de courant de charge. Ce calcul permet également de comprendre pourquoi il est plus judicieux de choisir une tension de batterie plus élevée pour les installations photovoltaïques de grande taille ou de puissance plus élevée [Wc]. Si nous avions opté pour une tension de système de 12V pour 660 Wp, nous aurions besoin d'un régulateur de charge nettement plus élevé (environ deux fois plus cher) avec 660 Wp / 12 V = 55 A. Pour une installation de 1500 Wp, nous aurions même besoin d'un régulateur de charge de 125 A pour une tension de batterie de 12 V, par exemple. De tels régulateurs de charge sont très coûteux et peuvent être évités en prévoyant une tension de système plus élevée. Pour une tension de batterie de 24V, par exemple, un régulateur de charge de 62,5 A suffirait et pour une tension de batterie de 48V, un régulateur de charge de 31,25 A suffirait. Ces derniers sont nettement moins chers.

D'autre part, nous devons vérifier si le régulateur de charge choisi est conçu pour l'intensité totale maximale de notre connexion de modules PV. Pour cela, nous recherchons cette valeur dans la fiche technique du régulateur de charge et la comparons à la somme de toutes les intensités de courant des modules PV connectés en parallèle. En effet, comme nous le savons, lors d'une connexion en parallèle, les intensités individuelles s'additionnent, la tension reste la même. Bien entendu, la tension du circuit de module doit également correspondre à la tension d'entrée du régulateur de charge. Cela est particulièrement important dans le cas d'une connexion en série de modules photovoltaïques, car, comme nous le savons déjà, les tensions individuelles s'additionnent, mais l'intensité du courant reste la même.

Dans notre cas, le régulateur de charge MPPT serait par exemple le " BlueSolar MPPT 100/30 " avec une tension de batterie de 12 V ou 24 V (s'adapte automatiquement) et un courant de charge de 30A. Jusqu'à 100V de tension PV peuvent être appliqués ici.

https://greenakku.de/Ladegeraete/Solarladeregler/MPPT-Solarladeregler/BlueSolar-MPPT-100-50-Solarladeregler-12-24V-50A::615.html

5.1.6 Étape 6 : onduleur

Pour pouvoir alimenter des consommateurs 230V avec notre installation PV, nous avons encore besoin d'un onduleur. Ici, il faut choisir un onduleur purement sinusoïdal, car c'est celui qui reproduit le mieux le courant domestique. Il existe également des onduleurs rectangulaires et des onduleurs trapézoïdaux. Pour dimensionner l'onduleur, nous devons additionner tous les consommateurs afin de déterminer la puissance maximale. Bien entendu, tous les consommateurs ne seront pas toujours allumés en même temps, mais nous partons du scénario le plus pessimiste (tous les consommateurs allumés en même temps) pour le dimensionnement. Dans notre cas, cela se présenterait comme suit :

P_{max} = 50 W + 20 W + 40 W + 90 W = 180 W

Nous rappelons pour cela les consommateurs prévus avec les valeurs suivantes :

Réfrigérateur	50 W
Éclairage	20 W
TV	40 W
Prise de courant (PC)	90 W

Ici, nous devons uniquement prendre en compte les consommateurs qui doivent être raccordés à l'alimentation électrique 230V, c'est-à-dire à l'onduleur. Nous pouvons omettre ici les appareils alimentés en 12V ou 24V, car ils ne peuvent pas être alimentés par l'onduleur, mais directement (ou via un convertisseur de tension et un fusible) par l'accumulateur de la batterie ou par le régulateur de charge solaire.

Comme nous devons également tenir compte des pertes lors de la conversion du courant continu en courant alternatif, nous prévoyons - selon l'onduleur - une réserve. Nous partons par exemple du principe que notre onduleur a un rendement de 88 % (voir la fiche technique du fabricant). Cela signifie généralement : P_{max} / rendement = puissance nécessaire. Dans notre cas, cela signifie : 180W / 88 % = 204,54 watts. Il ne faut pas sous-dimensionner l'onduleur et il est préférable de le choisir plus grand, sinon il faudra le racheter en cas d'extension de l'installation photovoltaïque. La température joue également un rôle dans la puissance (voir la fiche technique).

Dans notre cas, il s'agirait par exemple d'un onduleur " Phoenix " 24/500. Le chiffre 24 correspond à 24V, le chiffre 500 à VA (1 VA = 1 watt), donc à la puissance (nous avons besoin d'au moins 204,54 watts). Cet onduleur convertit le 24V en 230V de tension sinusoïdale pure.

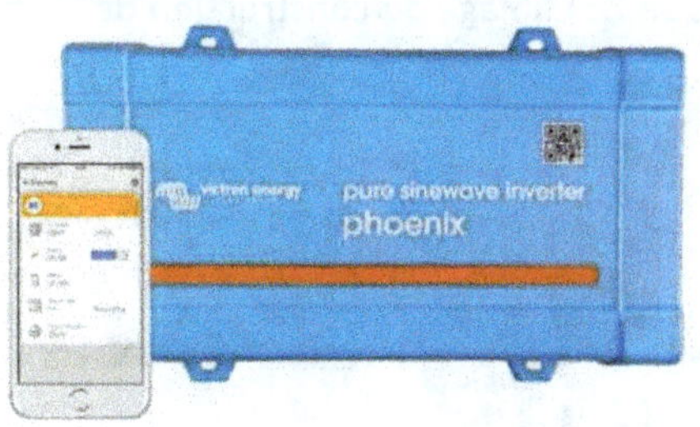

<https://greenakku.de/Wechselrichter/Offgridwechselrichter/Victron-Phoenix-Wechselrichter/Phoenix-Wechselrichter-24-500-230V-VE-Direct::816.html>

5.1.7 Étape 7 : Câblage ou construction de l'installation

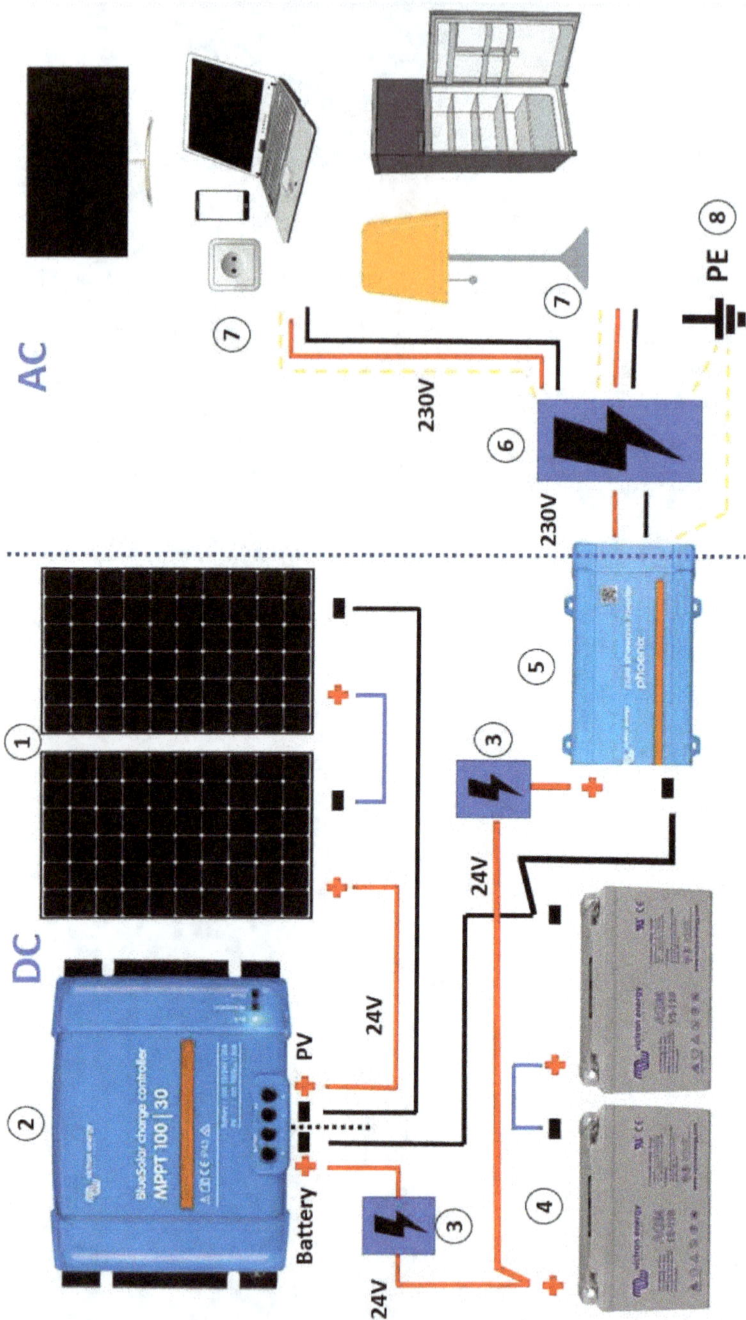

Passons maintenant à l'interconnexion de nos composants pour notre mini-système photovoltaïque. Comme vous pouvez le voir sur le schéma, le courant provient des modules PV que nous connectons en série **(1)** via des câbles solaires spéciaux jusqu'au régulateur de charge **(2)** (connexion : " PV = Photovoltaic "). La batterie **(4)** est également connectée en série (2 x 12 V = 24 V) et rechargée via le régulateur de charge **(2)**. Un fusible CC **(3)** **est** installé entre les deux. L'onduleur **(5)** reçoit du courant continu - via un fusible **(3)** - directement de la batterie de stockage. Les deux fusibles **(3)** doivent être installés le plus près possible du pôle (" + ") de la batterie. Après la conversion en courant alternatif, une boîte à fusibles AC avec des disjoncteurs doit être installée. Une mise à la terre appropriée **(8)** doit également être prise en compte. Enfin, le courant est acheminé vers les consommateurs **(7)**.

Veillez à ce que les capacités des batteries que vous connectez en série soient identiques (ici, par exemple, 110 Ah chacune). Veillez également à choisir correctement les sections de câble et les fusibles. N'hésitez pas à demander l'avis d'un électricien si vous n'êtes pas sûr de votre projet. Dans le pire des cas, une mauvaise conception pourrait entraîner un incendie ou des dommages corporels !

La section du câble dépend de certains paramètres tels que la longueur, l'intensité et la tension et peut être calculée à l'aide des formules suivantes :

Calcul de la section de câble pour le **courant continu :**

$$A = \frac{2 \cdot l \cdot I}{\gamma \cdot U_a}$$

Calcul de la section de câble pour le **courant alternatif monophasé** :

$$A = \frac{2 \cdot l \cdot I \cdot \cos \varphi}{\gamma \cdot U_a}$$

où A = section du conducteur [mm²], l = longueur du conducteur [m], I = intensité du courant [A], γ = conductivité du conducteur [S/m], U_a = chute de tension admissible du câble en %, cos φ = facteur de puissance.

Vous pouvez également rechercher en ligne un programme de calcul approprié dans lequel il vous suffit d'entrer les paramètres.

Dans le cas d'une petite installation 12V ou 24V ou d'un système PV avec régulateur de charge avec un courant de charge plus faible, il existe souvent une sortie de courant supplémentaire directement sur le régulateur de charge. Des consommateurs plus petits peuvent y être connectés. Cela devrait être distribué ou protégé par un distributeur DC **(9)**. La structure pourrait être modifiée comme suit. Le côté AC (courant alternatif) peut - comme précédemment - être pris en compte en plus si nécessaire.

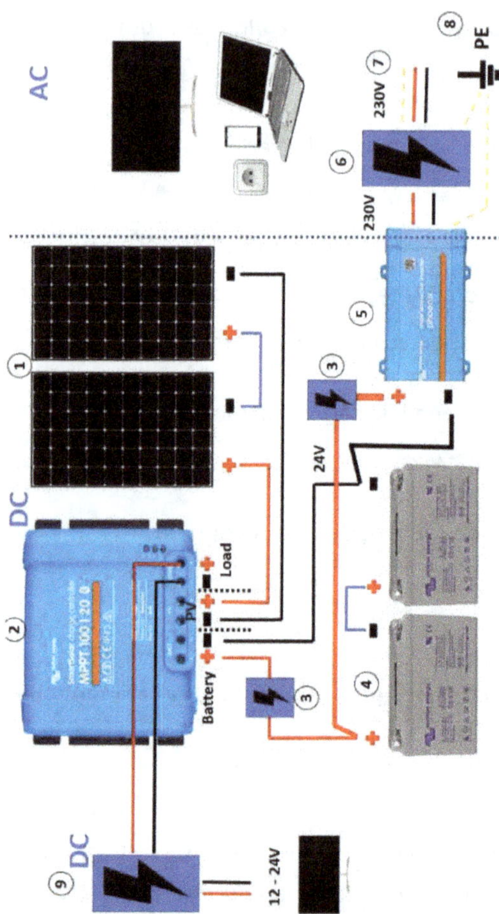

Les appareils à fort courant de démarrage (sèche-cheveux, pompe, réfrigérateur) qui peuvent être alimentés en 12V ou 24V (généralement des appareils de camping) ne doivent toutefois pas être connectés à la sortie " Load "du régulateur de charge, mais directement à l'accumulateur de la batterie - via un boîtier de fusibles DC. En revanche, le raccordement à la sortie " Load " du régulateur de charge présente l'avantage de déconnecter la connexion lorsque la charge de la batterie est trop faible et de protéger ainsi contre les décharges profondes.

6 Planifier une installation photovoltaïque pour sa propre maison

Jusqu'à présent, nous avons appris beaucoup de choses sur la planification et la conception d'un système photovoltaïque en site isolé. Dans ce chapitre, nous allons nous intéresser à la planification d'un système photovoltaïque raccordé au réseau pour une maison.

Comme nous l'avons déjà mentionné, l'accompagnement d'un expert en photovoltaïque ou d'un électricien est très important pour votre projet individuel. Une installation PV alimentée par le réseau doit de toute façon être raccordée par un électricien. Considérez donc ce chapitre comme une simple base d'information.

Nous allons à nouveau procéder par étapes dans ce qui suit. Certains aspects seront similaires à la planification d'une installation en îlot, d'autres seront nouveaux.

6.1 Étape 1 : vérifier le lieu d'installation ou la surface du toit

La première étape de la planification d'un système photovoltaïque consiste à examiner la surface du toit ou l'endroit où le système solaire doit être installé. Il n'est pas nécessaire d'installer un système photovoltaïque sur le toit de la maison, vous pouvez également installer votre système sur le toit du garage ou près du sol. Dans ce cas, il faut toutefois tenir compte du fait que des obstacles dans l'environnement (arbres, autres maisons, votre propre maison dans le cas du toit du garage, ...) contribueront probablement à faire de l'ombre à un emplacement en contrebas. Le site doit donc être situé le plus haut possible ou à l'abri des ombres et - en supposant que nous soyons dans l'hémisphère nord - orienté vers le sud, car c'est là que la durée d'ensoleillement peut être exploitée au maximum. Un écart de 30 % vers l'est ou l'ouest est toutefois acceptable en termes d'orientation. En fonction de la manière dont vous souhaitez utiliser l'électricité produite (injection dans le réseau, utilisation personnelle, utilisation mixte), vous pouvez réfléchir à la manière dont vous souhaitez procéder. Vous pouvez soit installer des modules photovoltaïques sur toute la surface utilisable du site choisi afin d'obtenir la puissance maximale possible pour le site, soit installer uniquement le nombre de modules photovoltaïques nécessaires pour couvrir les besoins en électricité souhaités (par exemple, les vôtres). Dans les deux cas, la première étape consiste à se faire une idée de la surface maximale disponible (par exemple, la surface du toit) en la mesurant. Vous pouvez le faire manuellement à l'aide d'un mètre, mais aussi à l'aide d'un logiciel de planification approprié sur votre ordinateur. Il est par exemple possible de faire mesurer la surface du toit par des drones. Dans le cas d'un toit plat, c'est à nouveau relativement simple, on peut prendre la surface au sol de la maison comme surface de toit. Si la pente du toit est connue, la surface disponible peut également être calculée à partir de celle-ci. Il existe pour cela de nombreux programmes de calcul en ligne. Nous allons examiner en détail un très bon programme de calcul dans un instant. Il faut également tenir compte, par exemple, de la cheminée ou d'autres éléments du toit qui réduisent la surface d'installation disponible. Bien entendu, il faut également vérifier si le toit peut supporter la charge photovoltaïque supplémentaire. Pour cela, il est conseillé de faire appel à un expert (par exemple, un ingénieur en structure). En règle générale, un toit moderne ne devrait pas poser de problème.

Avant de passer aux étapes suivantes de la planification de notre système photovoltaïque, nous allons brièvement nous pencher plus en détail sur la détermination du rayonnement solaire pour un site donné.

6.2 Étape 2 : vérifier l'irradiance

En règle générale, la production d'énergie solaire dépend directement de l'irradiance d'une zone donnée. Le choix du site est donc un facteur clé de la réussite de la production d'énergie solaire. Comme nous le savons déjà, l'irradiance s'exprime généralement en kWh/m² et indique la quantité de lumière reçue par mètre carré sur une surface donnée.

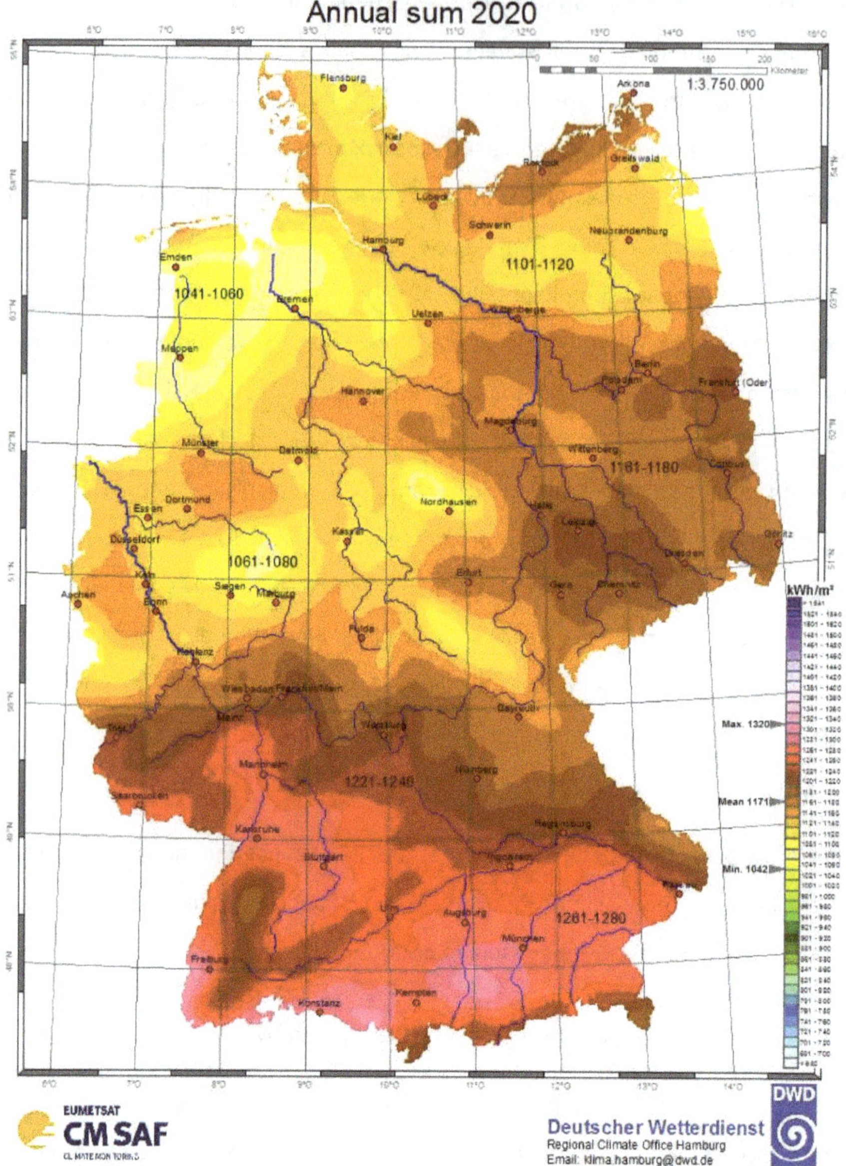

Pour déterminer l'irradiance d'une zone donnée, nous pouvons utiliser le site
https://globalsolaratlas.info/ (ou l'outil " PVGIS " comme dans le chapitre

précédent). Il nous suffit d'entrer les coordonnées ou le nom de la zone et la valeur de l'irradiance s'affiche.

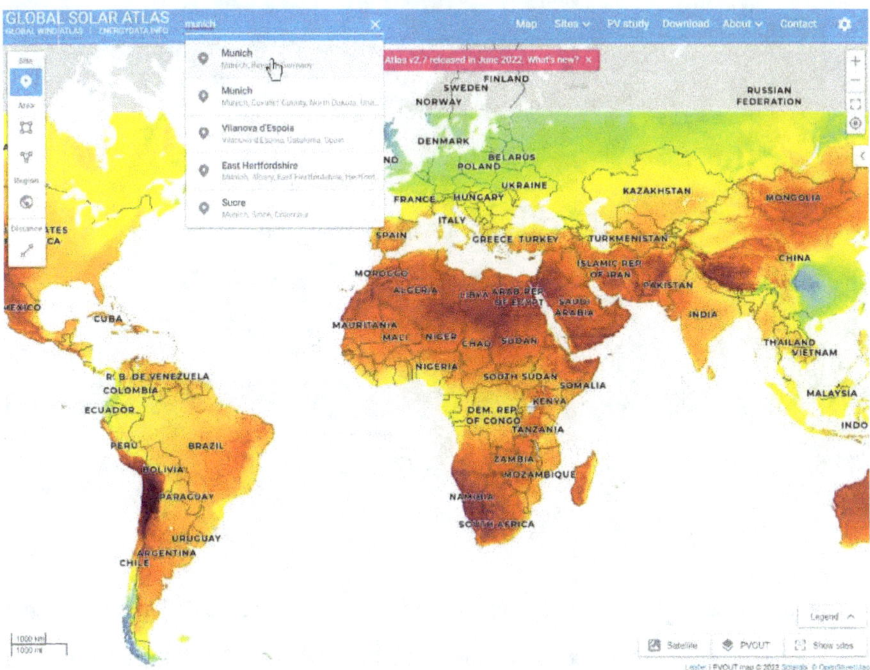

Après avoir saisi le lieu souhaité et ouvert la barre latérale sur la droite, nous pouvons consulter les informations souhaitées. Les paramètres suivants sont affichés :

- Puissance PV spécifique
- Rayonnement direct normal
- Irradiation horizontale globale
- Rayonnement horizontal diffus
- Rayonnement global incliné à angle optimal
- Inclinaison optimale des modules PV, température de l'air & altitude

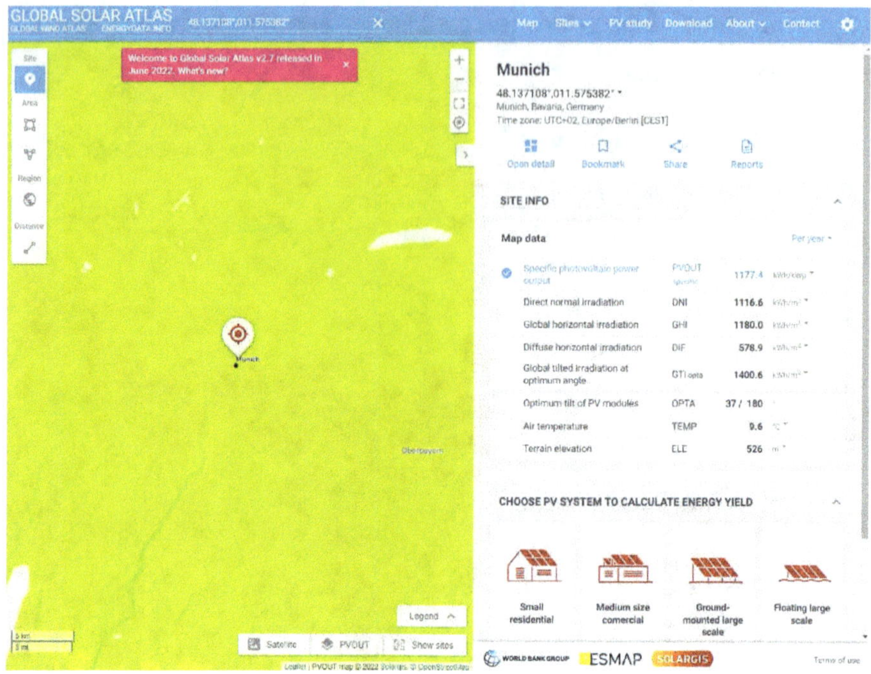

L'irradiance varie en fonction du mouvement du soleil au cours de l'année. L'angle du soleil varie entre 23,5 degrés positifs au solstice d'été et 23,5 degrés négatifs au solstice d'hiver.

Rayonnement global (rayonnement solaire direct + diffus) :

Le rayonnement solaire est divisé en rayonnement solaire direct et diffus et est désigné conjointement par le terme de rayonnement global. L'irradiance varie au cours de l'année et dépend des conditions météorologiques et de l'emplacement de la zone concernée. Le rayonnement diffus est dû à la diffusion de la lumière par les nuages ou le brouillard. Le rayonnement direct, quant à lui, atteint directement la surface de la terre sans diffusion.

Inclinaison des modules PV :

Les modules PV sont inclinés à un certain angle afin de profiter au maximum du rayonnement solaire. Nous avons déjà abordé ce sujet avec l'exemple de

96

l'installation en site isolé dans le chapitre précédent. Pour un fonctionnement de l'installation PV tout au long de l'année, nous pouvons également vérifier l'inclinaison idéale des panneaux PV à l'aide du site https://globalsolaratlas.info/. L'inclinaison optimale nous est indiquée comme " Optimum tilt of PV-modules ". Cependant, si le système PV est installé sur le toit de la maison, on renonce en principe à l'angle optimal et on installe simplement les panneaux PV parallèlement à l'inclinaison déjà donnée du toit pour diverses raisons (effort, coût, esthétique ...).

Nous pouvons également calculer sur ce site les valeurs annuelles moyennes que nous pouvons obtenir avec un système photovoltaïque à un endroit donné. Pour ce faire, nous sélectionnons dans la partie inférieure droite le cas d'application, par exemple " Small residential " et nous obtenons ainsi les valeurs moyennes annuelles. En cliquant sur la petite roue dentée bleue intitulée " Change PV system ", nous pouvons adapter les valeurs de départ pour le calcul.

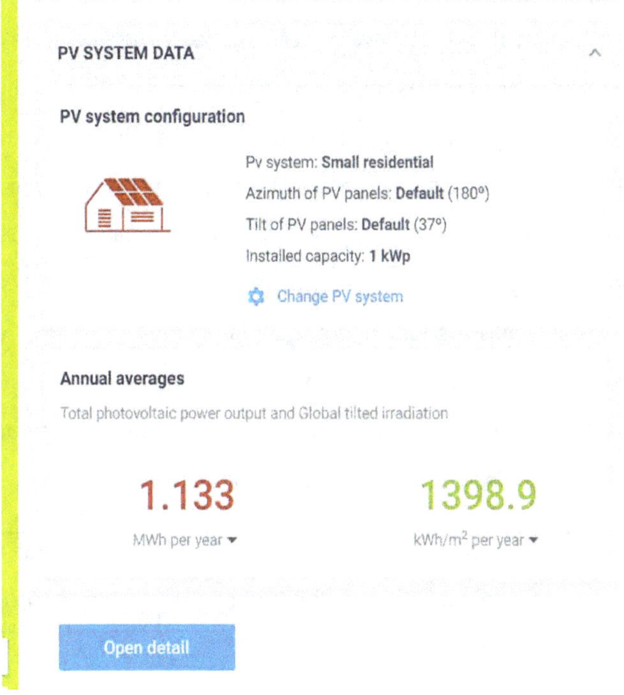

6.3 Étape 3 : vérifier la consommation de courant ou la charge à connecter

Après avoir choisi notre emplacement et l'avoir vérifié en termes d'ensoleillement, nous passons à la troisième étape de la planification. Cette étape consiste à calculer la consommation d'électricité de votre foyer. Cette étape est très similaire à l'exemple précédent de l'installation en îlot. Il y a néanmoins quelques différences.

Nous distinguons deux cas de figure. Dans le premier cas, nous considérons la planification d'une installation photovoltaïque <u>sans</u> stockage par batterie et pour une utilisation personnelle de l'électricité. Pour ce faire, vous devez lister tous les consommateurs critiques (réfrigérateur, machine à laver, cuisinière électrique, ...) que vous souhaitez faire fonctionner pendant la journée grâce à l'installation photovoltaïque. Pour ce faire, créez un tableau avec une colonne pour le nom de l'appareil, une colonne pour la consommation d'énergie [W] et une colonne pour la durée d'utilisation [h]. Après avoir listé tous les appareils, notez le nombre d'heures pendant lesquelles ces appareils sont allumés chaque jour pendant les heures d'ensoleillement. Nous ne prenons en compte ici que le temps passé pendant la journée, car un système photovoltaïque (sans stockage par batterie) ne fournit de l'électricité que pendant les heures d'ensoleillement. La troisième étape du calcul de la charge consiste à déterminer la puissance en watts de chaque appareil à partir des informations figurant sur la plaque signalétique et à l'inclure dans le tableau. Calculez ensuite la consommation totale d'énergie en wattheures en multipliant le nombre de watts des appareils par le nombre d'heures nécessaires à leur fonctionnement. Le résultat pourrait être le suivant :

Appareil	Besoin en énergie [W]	Durée d'utilisation [h]	Besoin total en énergie par jour [Wh]
Réfrigérateur	150	4	600

Machine à laver	1500	3	4500
Cuisinière électrique	2500	1	2500
PC	100	3	300
...		**Total :**	**= 7900 Wh = 7,9 kWh**

Après avoir calculé la charge totale en watts et la demande totale d'énergie en wattheures, nous pouvons estimer la capacité de notre installation solaire.

Dans le second cas, nous envisageons la planification d'une installation photovoltaïque <u>avec</u> stockage sur batterie et pour une utilisation personnelle de l'électricité. Dans ce cas, nous pouvons nous faciliter la tâche par rapport au premier cas. Pour estimer la consommation totale d'énergie, nous pouvons simplement jeter un coup d'œil à notre compteur électrique. Le compteur électrique se trouve dans l'armoire électrique de notre maison et compte notre consommation d'électricité pour toute la maison en kWh. Pour cela, nous notons la valeur actuelle sur une journée moyenne, nous attendons 24h et nous relevons la valeur. De cette manière, nous obtenons rapidement et facilement la consommation totale d'énergie pour une journée moyenne en kWh. Si nous multiplions la différence entre les deux valeurs relevées par 365, nous obtenons la consommation moyenne d'électricité de notre ménage pour une année en kWh. Si vous voulez en savoir plus, vous pouvez également jeter un coup d'œil à une ancienne facture d'électricité. La valeur y est indiquée pour une période de facturation (par exemple 1 an). Pour la consommation moyenne d'électricité par jour, nous pouvons également diviser cette valeur par 365.

6.4 Étape 4 : planification détaillée

Maintenant que nous avons abordé les étapes de base de la planification, nous pouvons passer à la planification détaillée de l'installation PV. Pour cela, nous utiliserons le programme de calcul " PV*SOL " ou " PV*SOL premium " de la société " Valentin Software ". Il existe une version d'essai de 30 jours, ce qui est suffisant pour une planification non commerciale pour sa propre maison. Téléchargez le logiciel à l'adresse suivante : https://valentin-software.com/en/downloads/ . Il existe également de nombreux tutoriels sur ce logiciel.

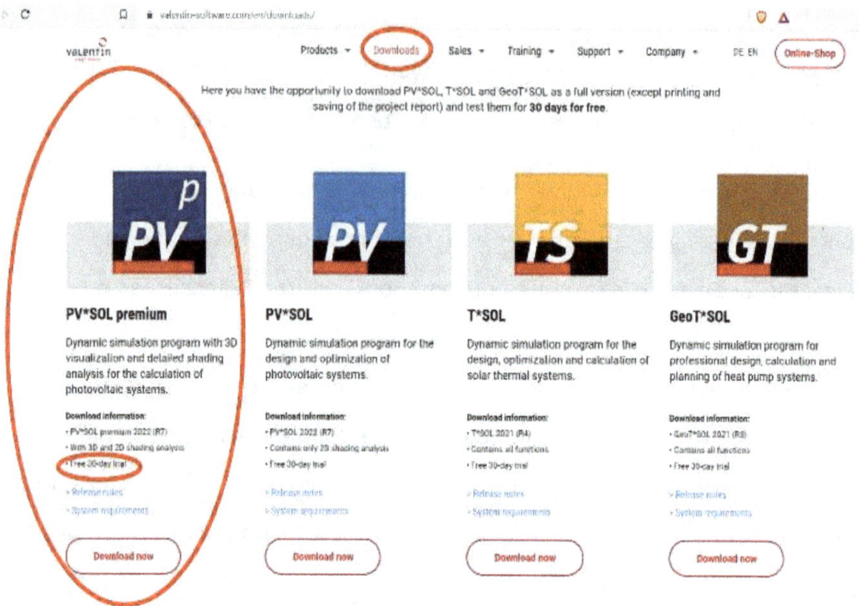

Ce logiciel va maintenant nous guider pas à pas dans la planification détaillée. Après avoir lancé le logiciel, nous voyons plusieurs boutons dans la barre de menu en haut, chacun représentant une étape de la planification. Nous commençons à l'extrême gauche et progressons vers la droite. Le premier bouton n'est cependant que l'écran d'accueil, dans lequel vous pouvez voir les nouveautés du logiciel, des exemples de projets, des projets enregistrés et créer de nouveaux projets.

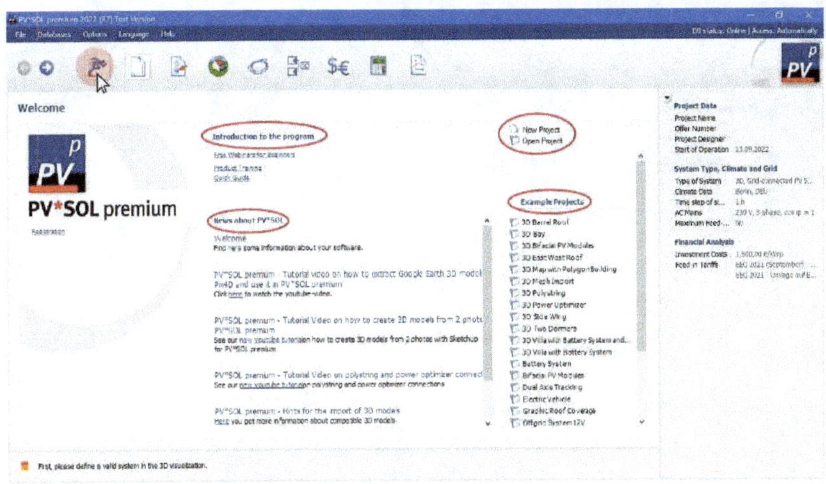

Nous commençons donc par le deuxième bouton. Ici, nous pouvons saisir un nom de projet et une description du projet. Nous n'avons cependant pas besoin des détails du client ou du numéro de devis dans ce cas.

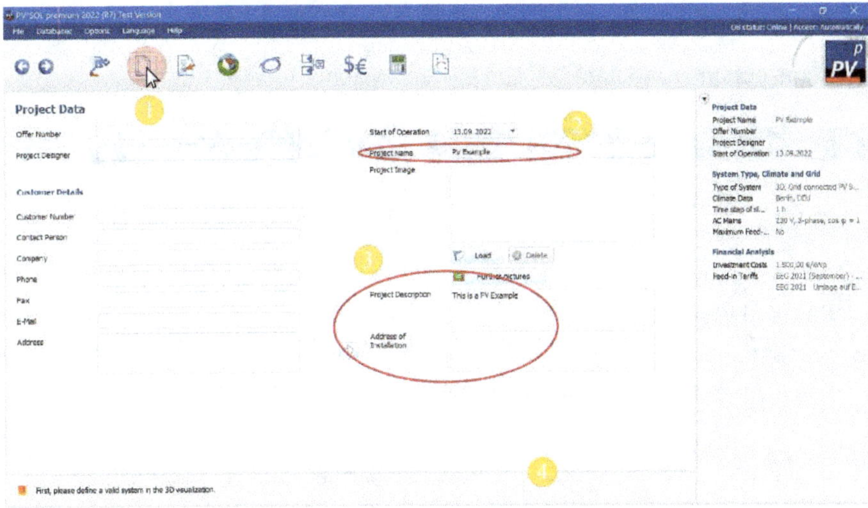

Nous passons ensuite au troisième bouton. Ici, nous pouvons définir le type de système, donner des indications sur l'emplacement et le réseau électrique.

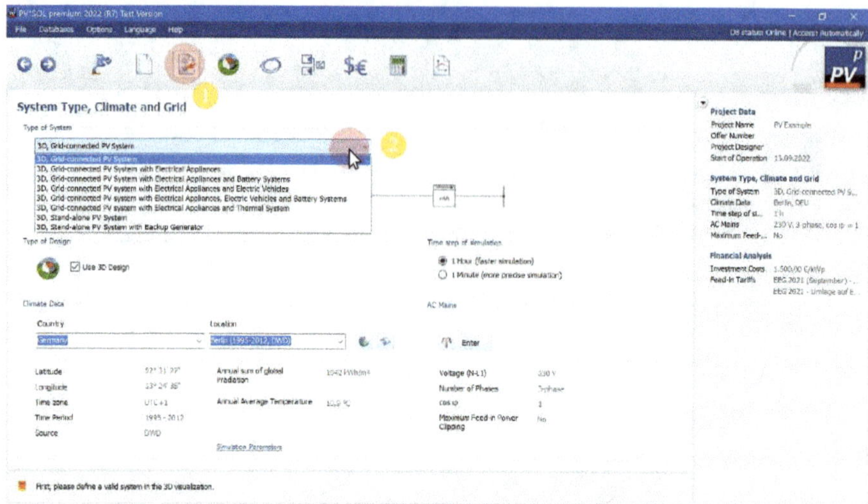

Par exemple, nous sélectionnons un système PV connecté au réseau avec des appareils électriques connectés (consommateurs), c'est-à-dire le type " 3D, Grid-connected PV-System with Electrical Appliances " dans le menu déroulant. Si nous souhaitions également un système de stockage par batterie, nous sélectionnerions la même option en ajoutant " ... and Battery Systems ".

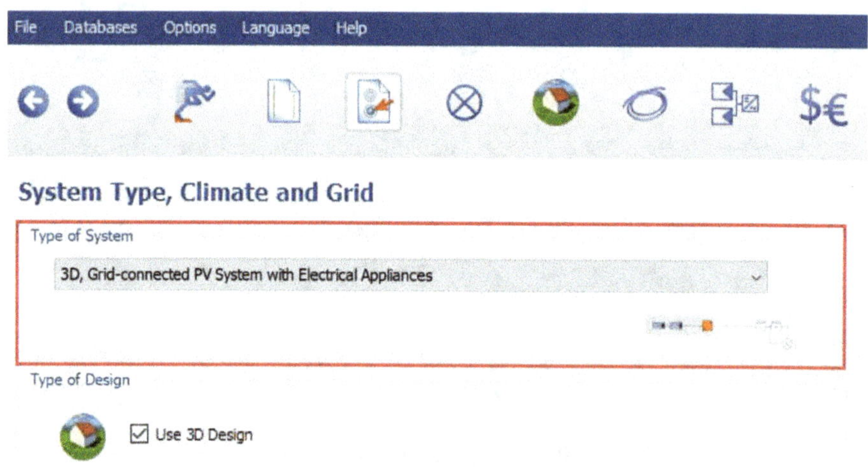

Dans la partie inférieure, nous ajoutons le pays et l'emplacement **(1)** de l'installation photovoltaïque et vérifions sur la droite **(2)** si les données relatives au réseau électrique sont correctes. Si les données ne sont pas correctes, nous pouvons les modifier en cliquant sur " Enter ".

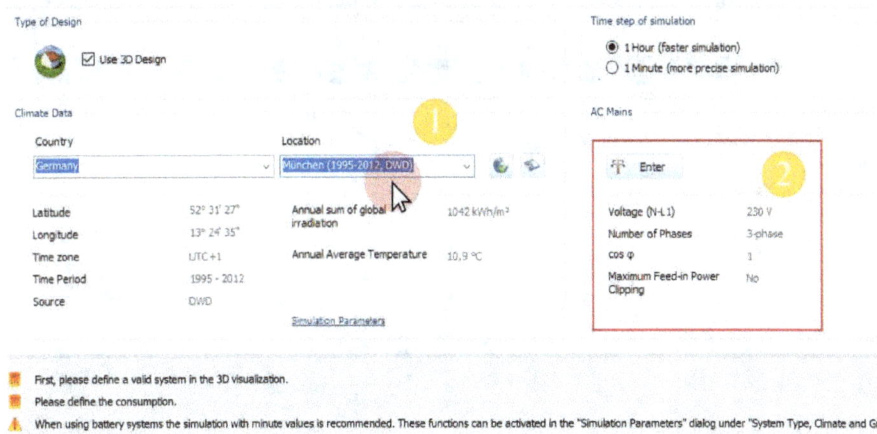

Dans l'étape suivante **(1)**, nous devons entrer notre consommation d'électricité. Nous le faisons en cliquant sur le menu déroulant " Add consumption " **(2)** et en sélectionnant l'option " Load profiles / individual appliances ". Dans la partie droite (encadrée en rouge), nous voyons d'ailleurs à chaque étape les saisies effectuées jusqu'à présent ou les valeurs de remplacement pour notre projet.

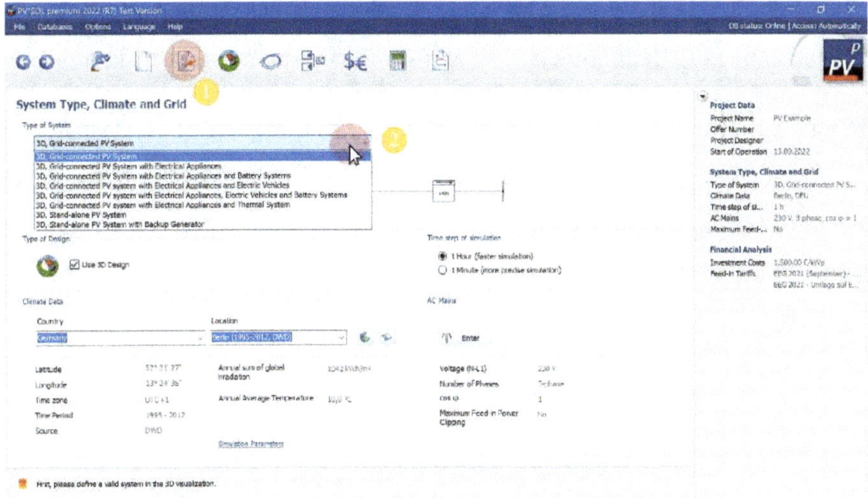

Une fenêtre s'ouvre alors, dans laquelle nous choisissons dans l'option " Load profiles (from measured values) " **(1)** le scénario qui décrit le mieux notre ménage, par exemple un ménage avec 2 adultes et 2 enfants **(2)**.

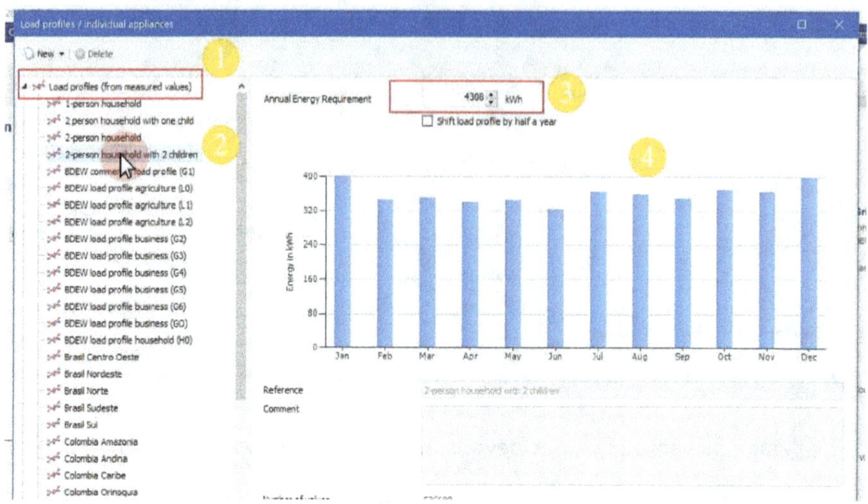

Le champ " Annual Energy Requirement " contient une valeur par défaut que nous pouvons remplacer par la valeur que nous avons lue ou calculée pour notre propre maison sur la base de notre facture d'électricité. Le programme divise cette consommation annuelle - en fonction du profil de charge - comme indiqué dans l'histogramme **(4)**. Dans notre cas, nous laissons par exemple les 4308 kWh.

L'étape suivante consiste à saisir le design de notre maison et de l'installation photovoltaïque. Pour ce faire, nous créons une visualisation 3D en cliquant sur le bouton " Edit ".

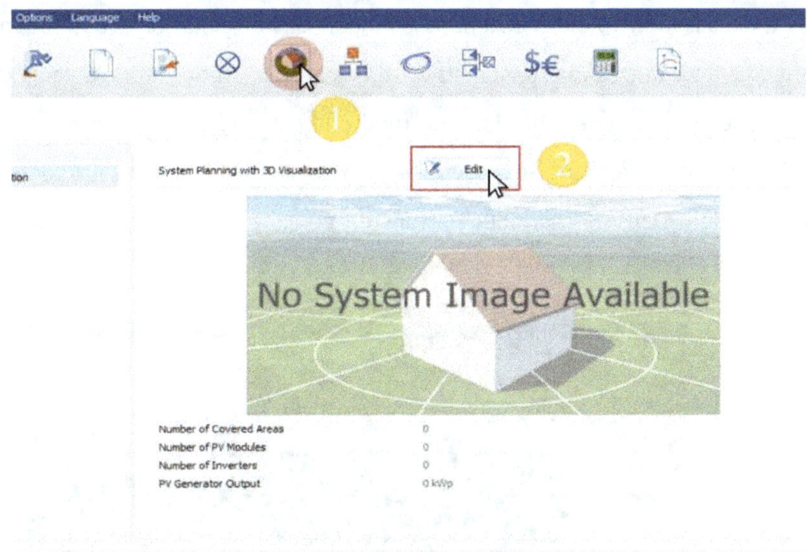

Une fenêtre s'ouvre dans laquelle nous pouvons choisir la maison ou l'emplacement de l'installation photovoltaïque. Dans notre cas, il s'agira par exemple d'un toit à deux pentes. Nous sélectionnons donc l'option " Gabled Roof ". Vous pouvez bien sûr choisir un autre type de toit ou une surface libre. Après la sélection, nous cliquons sur " Start " pour démarrer la visualisation 3D.

Dans la visualisation 3D, nous obtenons le modèle de notre maison. Nous pouvons même ajouter d'autres maisons, mais aussi des arbres, ou des murs, à l'aide des boutons de la zone supérieure, afin de rendre la planification aussi réaliste que possible. Il suffit de glisser-déposer les éléments souhaités dans la zone de représentation. Dans ce cas, nous partons du principe qu'il s'agit d'une maison isolée.

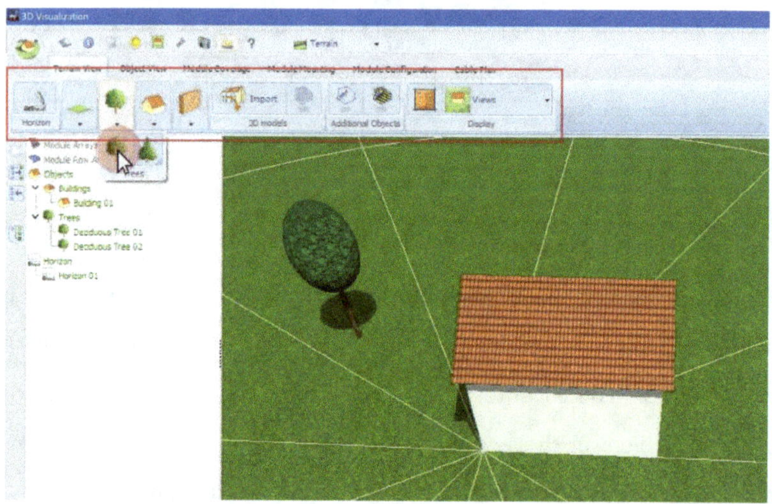

En faisant un clic droit sur la maison et en sélectionnant l'option " Edit ", nous pouvons ajuster la surface de base de la maison ou la surface du toit et la pente du toit.

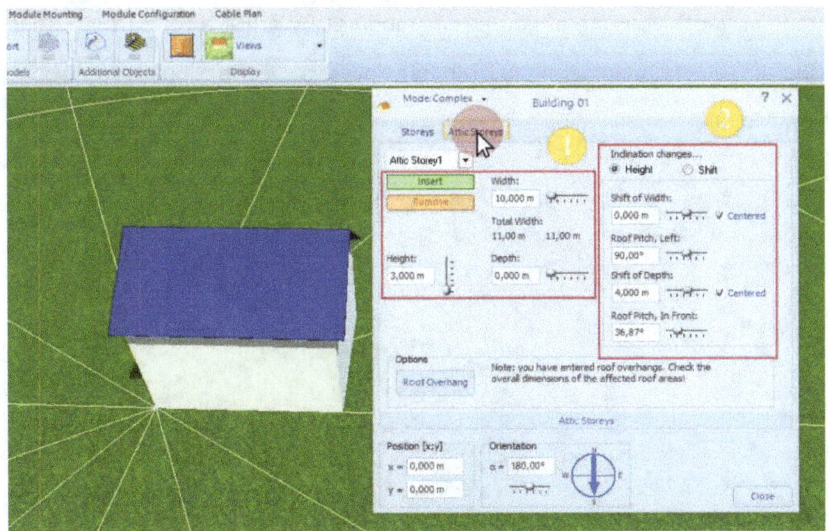

En cliquant sur le bouton " Close ", nous terminons à nouveau les réglages.

En sélectionnant le bouton " Object View " dans la partie supérieure, vous pouvez zoomer directement sur une surface de toit et ajouter des éléments de toit tels que des cheminées, des fenêtres de toit, etc. Nous nous passerons également de ces objets dans ce cas.

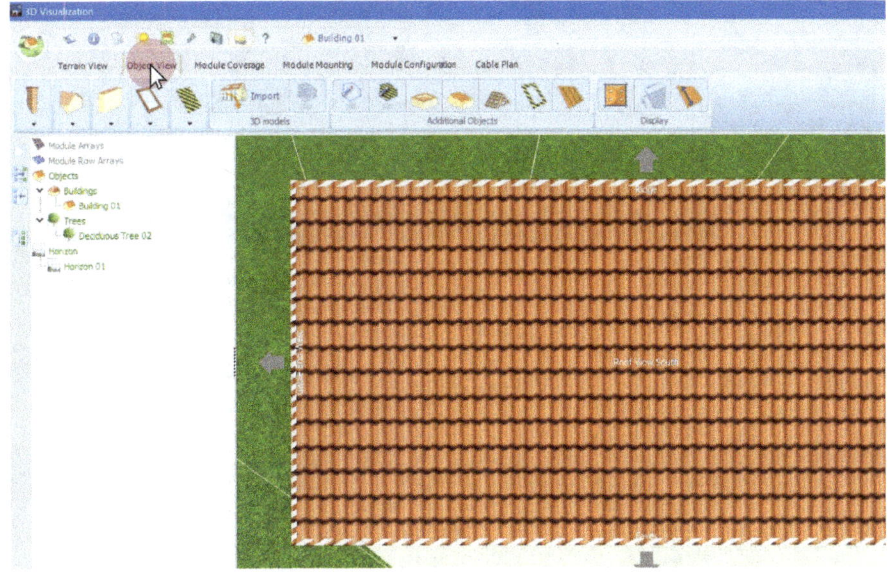

L'étape suivante consiste à ajouter des modules PV à notre toit virtuel. Nous le faisons en sélectionnant le menu " Module Coverage " et en cliquant sur le bouton " New Module ".

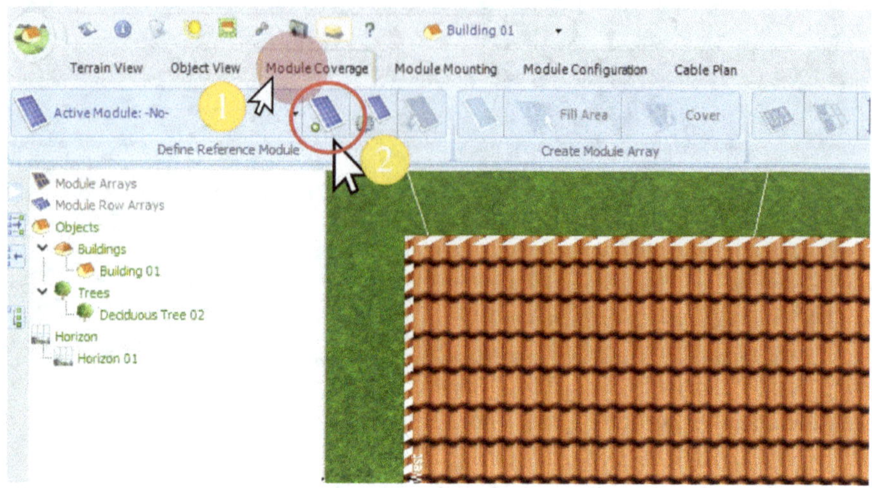

Une fenêtre s'ouvre alors, dans laquelle nous pouvons sélectionner dans une base de données le module PV souhaité de différents fabricants (encadré en rouge). Dans ce cas, nous choisissons simplement un module PV monocristallin standard de 200 Wp.

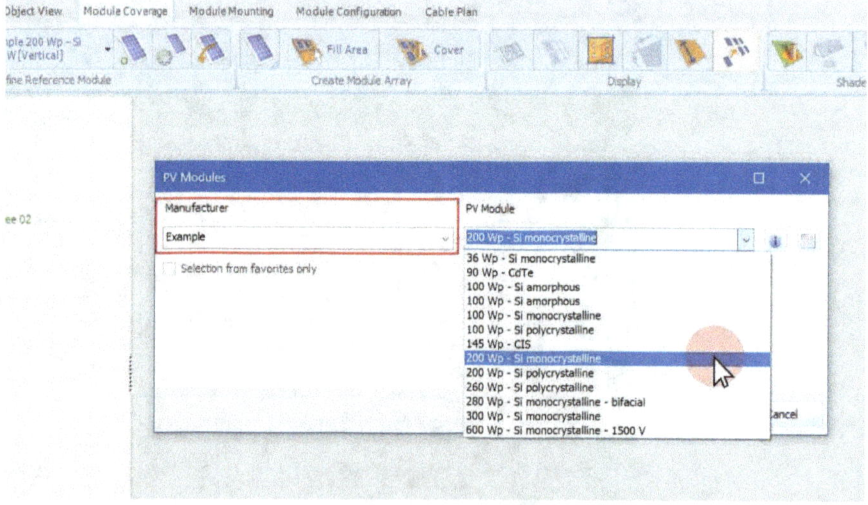

Comme nous voulons utiliser toute la surface du toit pour produire le plus d'électricité possible (autoconsommation + surplus d'électricité injectée), nous pouvons sélectionner le bouton " Fill Area " et dessiner avec la souris de l'ordinateur une zone dans laquelle nous voulons placer les modules PV (par ex. tout le toit). Avant cela, nous devons encore régler les distances entre les modules (nous laissons simplement les paramètres par défaut) et sélectionner le " Installation Type ", par exemple l'option " Flush Mount - good rear ventilation ".

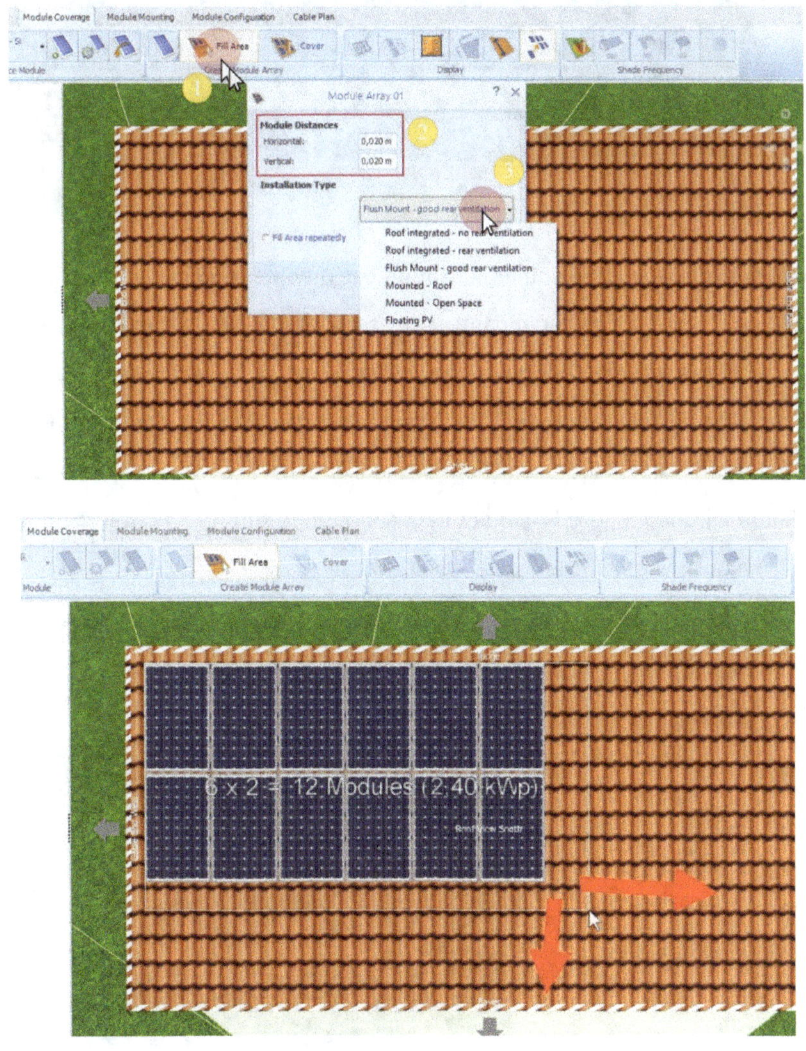

Nous confirmons ensuite avec " Ok " pour que le tableau PV soit placé :

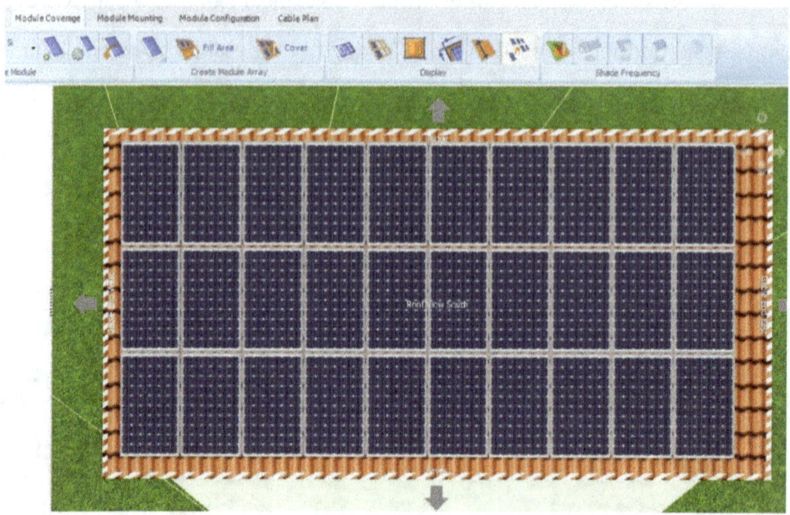

Nous pourrions ensuite planifier la fixation des modules en cliquant sur " Module Mounting ". Nous allons cependant sauter cette étape dans cet exemple. L'étape suivante consiste à configurer le câblage et à sélectionner l'onduleur photovoltaïque. Nous pouvons le faire en cliquant sur le bouton " Module Configuration " **(1)**. Nous sélectionnons ensuite dans cette zone le bouton " Configure all Unconfigured Modules in this mounting surface " **(2) afin de** pouvoir choisir un onduleur (Inverter) pour les modules PV.

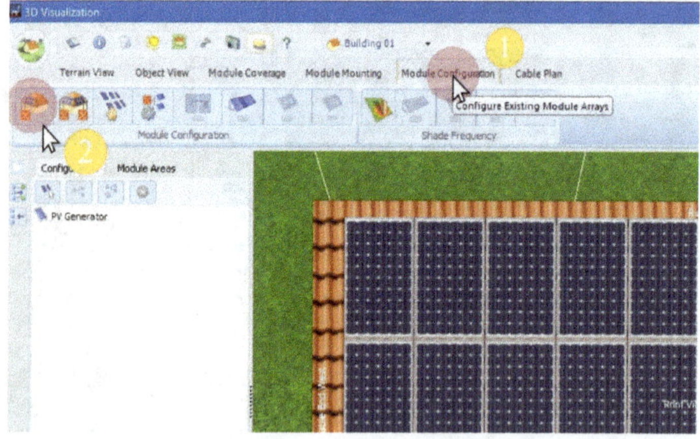

Pour ce faire, sélectionnez dans la fenêtre qui s'ouvre, le bouton " Inverter-Selection ".

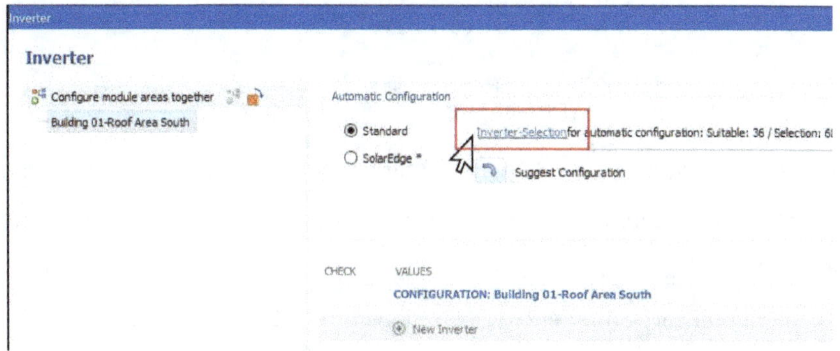

Une autre fenêtre s'ouvre. Ici, nous choisissons d'abord un fabricant préféré, par exemple la société " SMA Solar Technology AG " **(1)**, puis nous sélectionnons tous les types d'onduleurs de cette société dans la base de données pour les vérifier **(2)**.

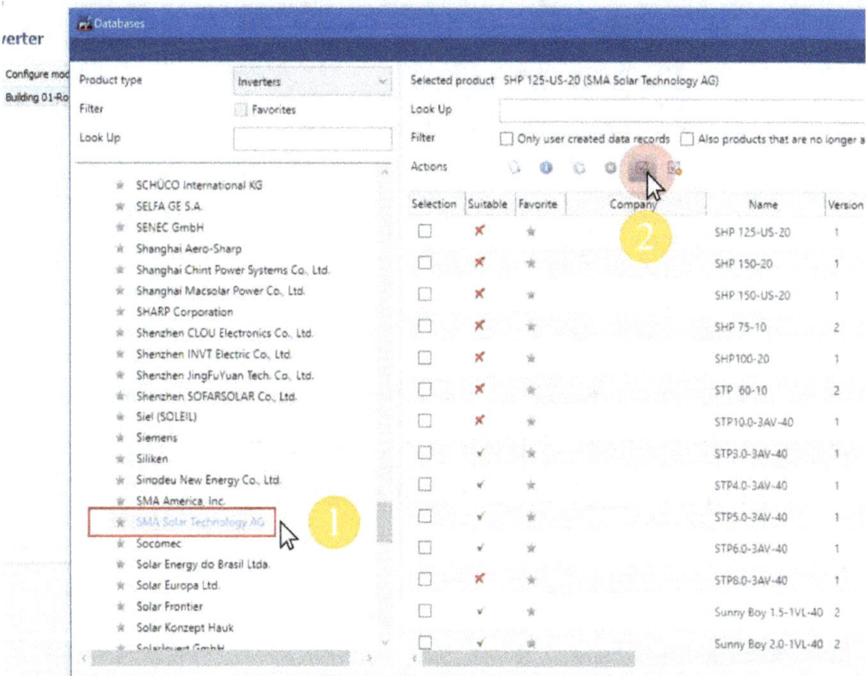

Nous fermons ensuite cette fenêtre en cliquant sur le bouton " Select ".

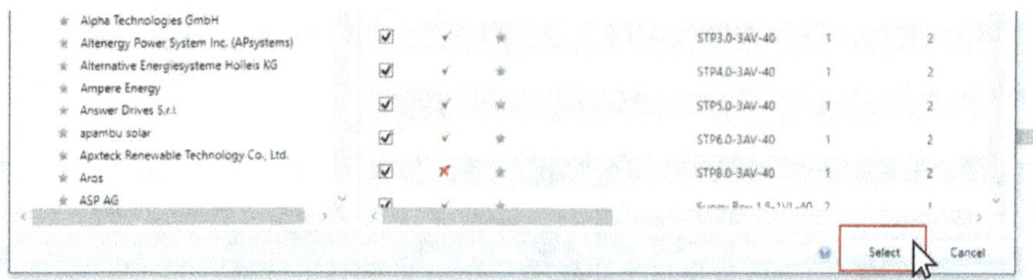

Ensuite, nous cliquons sur " Suggest Configuration " **(1)** pour que le programme nous sélectionne automatiquement le câblage et l'onduleur idéal de la société " SMA AG " parmi les nombreuses possibilités. Après un bref calcul, nous voyons le résultat dans la partie inférieure **(2)**. En cliquant sur " Select Configuration ", nous pourrions également sélectionner manuellement la configuration parmi les nombreuses possibilités calculées.

Si nous souhaitons sélectionner manuellement une configuration, nous devons cliquer sur le bouton " Start " **(1)** après " Select Configuration " dans la fenêtre qui s'ouvre et toutes les configurations possibles s'afficheraient alors dans la zone **(2)**.

Nous fermons cependant cette fenêtre en cliquant sur le bouton " Cancel " et restons sur notre configuration générée automatiquement. Ici, nous pouvons vérifier la sélection automatique en cliquant sur l'une des cases à cocher ou sur le bouton " Check System " dans la partie inférieure.

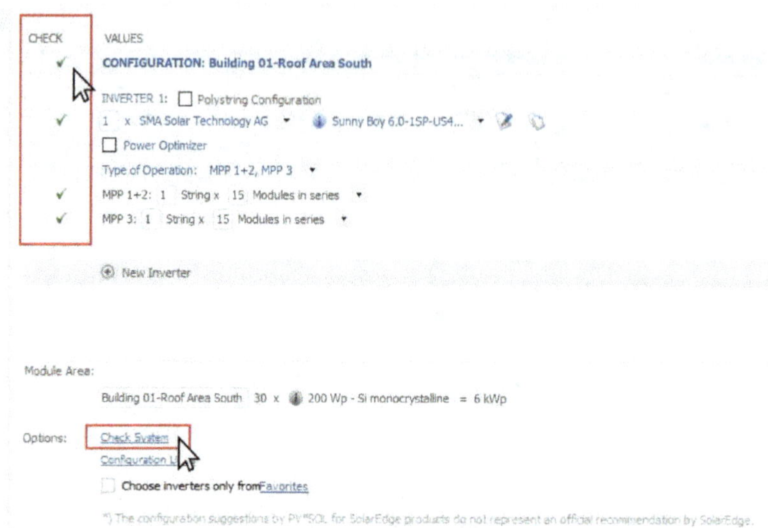

Nous pouvons nous assurer dans la fenêtre suivante que l'onduleur est suffisamment dimensionné et que toutes les valeurs restent dans la zone verte.

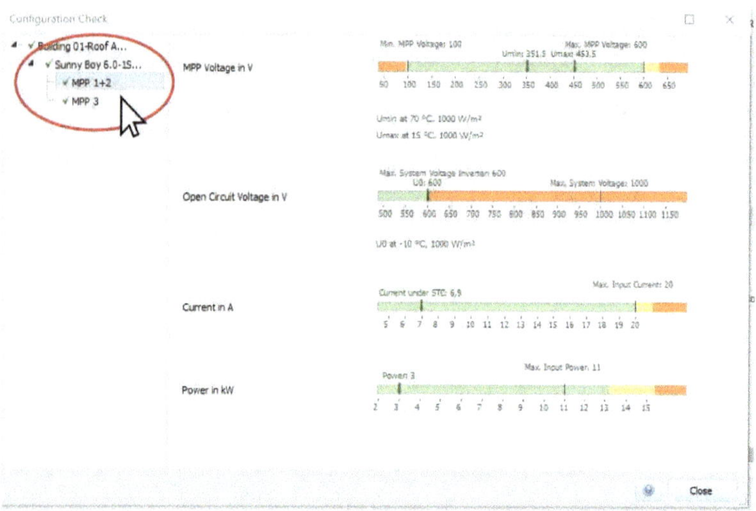

En cliquant sur le bouton " Close ", nous revenons à la fenêtre initiale.

Ici, nous confirmons avec le bouton " Ok " dans la partie inférieure. Nous voyons maintenant la répartition des modules en deux " Strings " connectés en série par tracker MPP de l'onduleur (rouge et orange) :

Le dernier élément du menu " Cable Plan " nous permet de visualiser le câblage des modules PV ou de planifier la suite du câblage jusqu'à la maison.

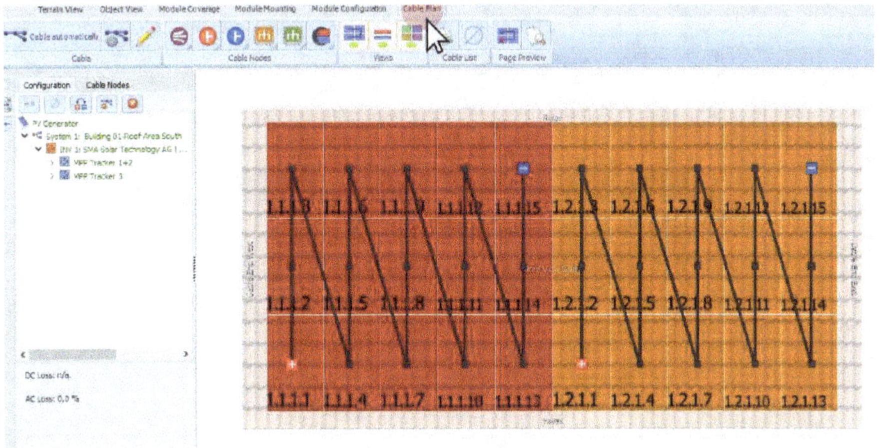

Nous avons alors terminé la visualisation 3D, nous pouvons revenir à la vue " Terrain View " et fermer la fenêtre. Il est important que nous choisissions

maintenant dans la fenêtre pop-up suivante que les données soient reprises dans
" PV*SOL ", afin de ne pas perdre le travail effectué jusqu'à présent.

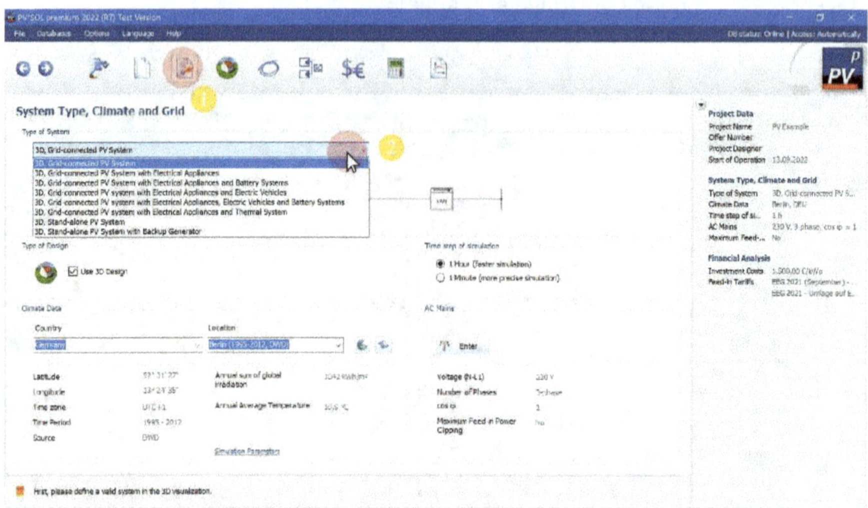

Il nous est ensuite demandé si nous souhaitons effectuer une analyse des ombres.
C'est généralement utile, mais dans notre cas, nous n'avons pas d'élément
susceptible de créer une ombre, nous pouvons donc sélectionner l'option " Ignore
Shading ".

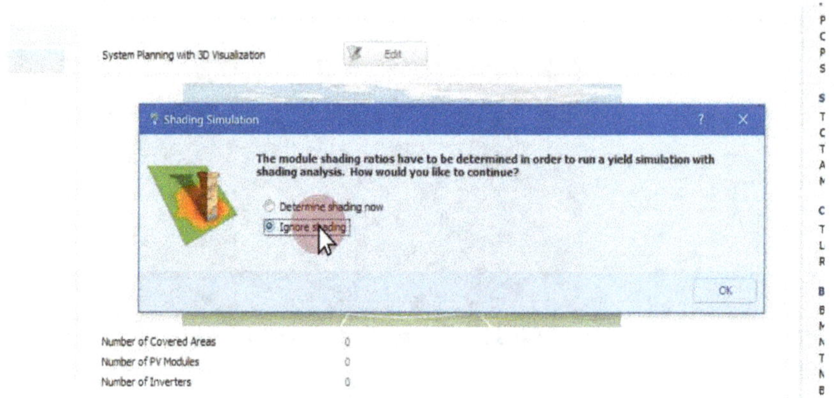

Dans la section " Cables ", nous pouvons ensuite créer le schéma électrique final
de notre installation PV, c'est-à-dire ajouter un compteur solaire, des fusibles, etc.

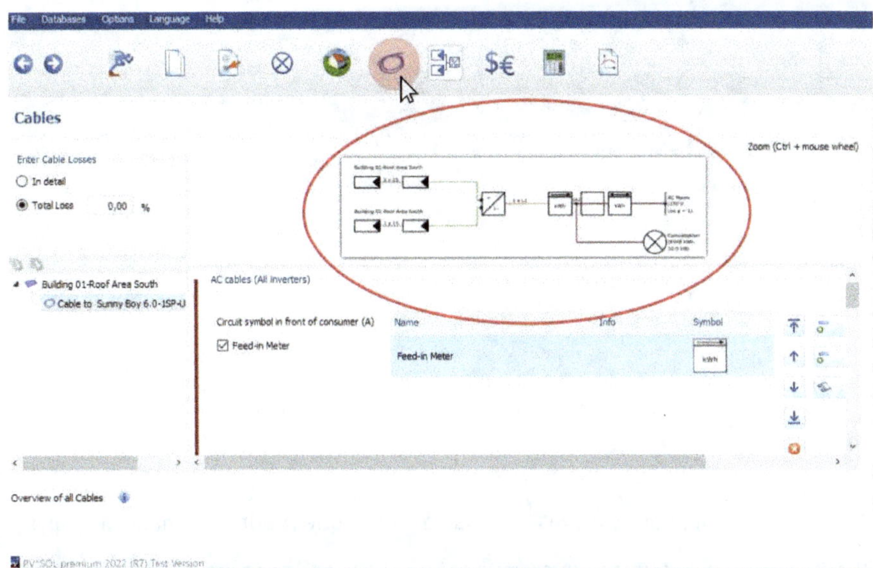

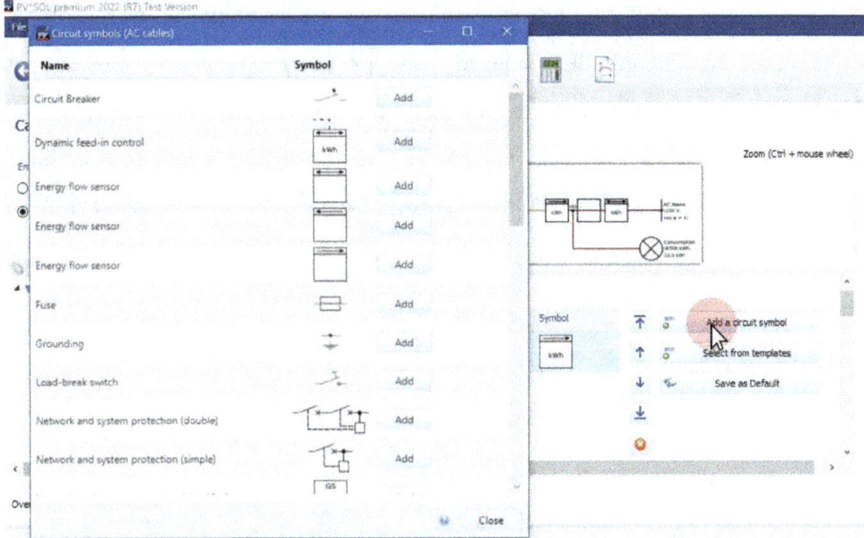

Dans la section " Plans and parts list ", nous voyons d'une part le schéma électrique final et d'autre part, les composants nécessaires sont listés dans une nomenclature en cliquant sur " Parts list ".

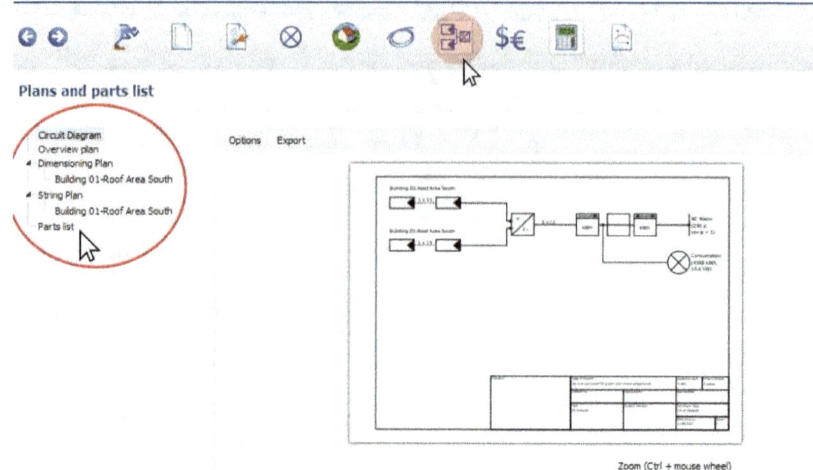

Dans cet exemple, nous sautons l'analyse économique (bouton " Financial Analysis "). N'hésitez pas à vous y essayer vous-même. La dernière étape consiste à afficher les résultats en cliquant sur le bouton " Results ". Après un calcul, nous voyons l'énergie photovoltaïque produite, l'utilisation propre et l'injection dans le réseau clairement représentée au cours du mois, en fonction de la sélection du graphique.

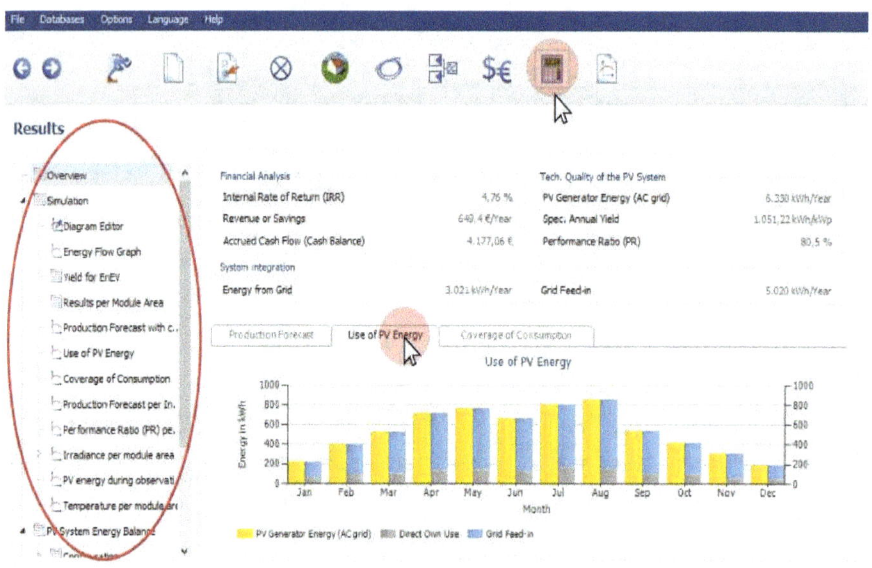

Mot de la fin

Excellent ! Vous avez réussi. Félicitations si vous êtes arrivé jusqu'ici. Ce chapitre termine le livre sur le photovoltaïque.

Ensemble, nous avons exploré dans ce livre à la fois les bases de la technologie photovoltaïque et appris à concevoir et à installer un système photovoltaïque on-grid et off-grid avec ou sans stockage sur batterie. Il est maintenant temps de planifier votre propre système photovoltaïque pour votre maison, abri de jardin, tiny house, camping-car, garage, atelier, voiture, camping, ...,.

Si vous n'êtes pas encore sûr de certains points, vous devriez dans tous les cas demander l'aide d'un électricien professionnel pour votre projet individuel.

Cependant, vous devez à présent maîtriser les bases. Dans ce livre, nous avons par exemple appris ce que signifie l'abréviation Wp, si vous devez opter pour des modules PV monocristallins ou polycristallins, pourquoi vous avez besoin d'un onduleur et comment le choisir. Nous avons également réfléchi à l'installation des modules photovoltaïques et appris comment ajouter une batterie de stockage à une installation photovoltaïque de deux manières différentes (couplage DC ou couplage AC). Nous avons également étudié, étape par étape, la connexion en parallèle et en série des modules PV et du stockage de la batterie et leur impact sur le courant et la tension, ainsi que de nombreux autres détails. Nous avons donc fait du chemin ! N'hésitez pas à jeter un coup d'œil aux dernières pages pour les livres traitant de sujets similaires (par exemple l'ingénierie électrique) !

Si vous avez apprécié ce livre, je serais personnellement très heureux que vous me laissiez une évaluation et un bref commentaire, et que vous le recommandiez à d'autres ! Une évaluation, en particulier, aidera d'autres personnes intéressées à prendre leur décision. Merci beaucoup !

Livres sur des sujets que vous pourriez également apprécier

Tous les livres sont disponibles en ligne sur les principales plateformes de vente. Il est préférable de rechercher le titre ou de visiter ma page d'auteur. Certains livres peuvent ne pas encore être publiés et ne seront pas disponibles avant un certain temps. Jetez un coup d'œil aux livres de votre choix et recevez-les chez vous sous forme de livre électronique ou de livre de poche !

Impression 3D :

CAO, FEM, FAO (Création d'objets 3D, Conception, Simulation) :

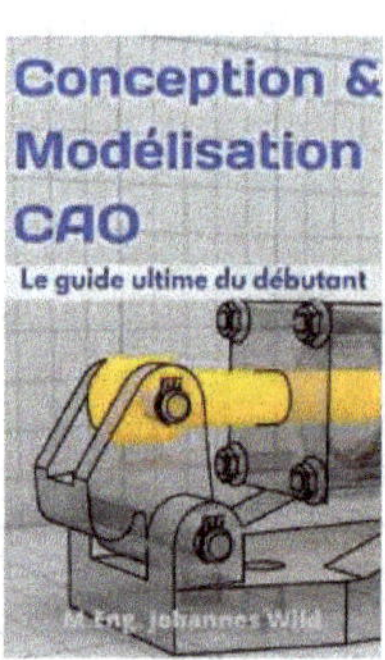

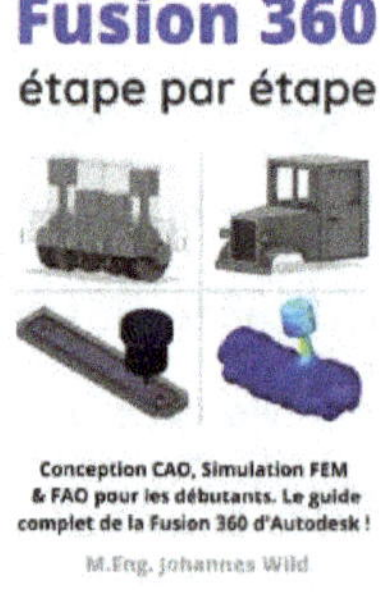

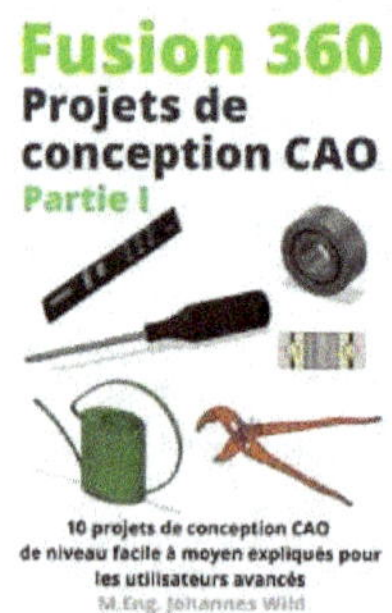

Ingénierie électrique :

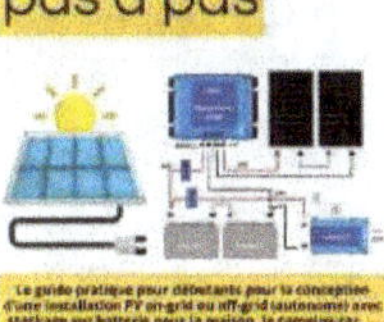

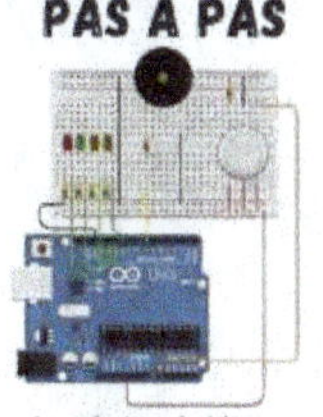

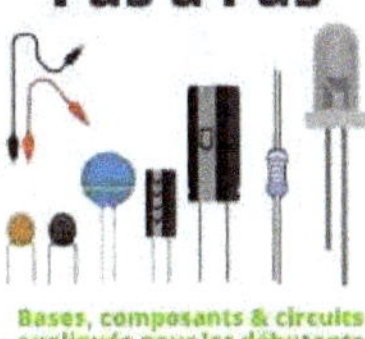

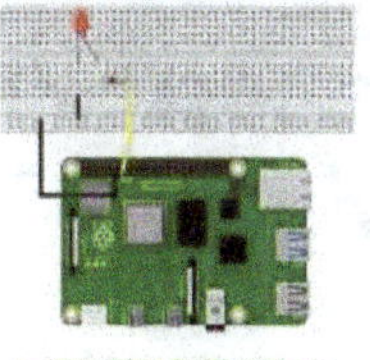

Programmation et autres logiciels :

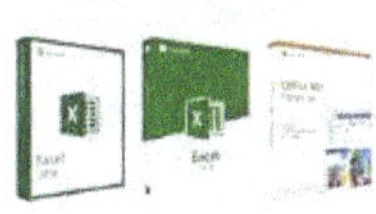

Des cours vidéo identiques sont également disponibles pour certains de ces livres :

L'impression 3D | Un guide étape par étape
Le guide pratique pour les débutants créé par un ingénieur! Conçu pour une entrée immédiate dans l'impression 3D!
M.Eng. Johannes Wild
4,1 ★★★★☆ (32)
1.5 total hours • 20 lectures • All Levels
Highest rated

La conception en CAO | Modélisation pour débutants
Le guide pratique pour débutants pour créer des objets 3D avec un logiciel de CAO gratuit (pour l'impression 3D,...)
M.Eng. Johannes Wild
5,0 ★★★★★ (2)
1.5 total hours • 15 lectures • All Levels

Fusion 360 étape par étape | CAO, FEM et FAO pour débutants
Le guide pratique d'AUTODESK FUSION 360 ! Apprenez la conception, la simulation et la fabrication auprès d'un ingénieur
M.Eng. Johannes Wild
3,9 ★★★★☆ (7)
3.5 total hours • 24 lectures • Beginner

Fusion 360 | Projets de conception CAO - Partie 1
10 projets de conception CAO simples ou de difficulté moyenne expliqués pas à pas aux utilisateurs avancés
M.Eng. Johannes Wild
2 total hours • 12 lectures • Intermediate
New

...

Pour l'achat, vous pouvez vous décider sur la plateforme d'apprentissage "Udemy" :

Recherchez mon nom sur www.udemy.com :

M.Eng. Johannes Wild ou utilisez le lien suivant :

www.udemy.com/courses/search/?src=ukw&q=m.eng.+johannes+wild

Inscrivez-vous dès aujourd'hui et approfondissez vos connaissances !

Mentions légales de l'auteur / de l'éditeur

© 2023

Johannes Wild
c/o RA Matutis
Berliner Straße 57
14467 Potsdam
Germany

Courrier électronique : 3dtech@gmx.de

Cette œuvre est protégée par le droit d'auteur

9 783987 420757